嫩江冰生消规律及冰上沉排施工关键技术

汪恩良　韩红卫　刘兴超　张守杰　著

U0332311

中国水利水电出版社
www.waterpub.com.cn
·北京·

内 容 提 要

本书重点阐述了嫩江冰生消规律及冰上沉排关键技术，以作者在寒区研究领域多年的教学和科研积累为基础，结合国内外河冰学研究进展和沉排施工工程实践进行编写，主要内容包括嫩江岸冰生消规律及工程力学性质，冰层承载力计算，冰层承载力预测，冰上沉排类型、工法原理、施工材料与设备、施工工艺及流程和施工质量控制等。

本书可用于水利工程、土木工程、自然地理、交通、应急管理等专业本科生和研究生的教材和参考书，同时可以为从事冰工程科研、设计和施工等人员提供有益的借鉴。

图书在版编目（CIP）数据

嫩江冰生消规律及冰上沉排施工关键技术 / 汪恩良
等著. -- 北京：中国水利水电出版社，2022.1
ISBN 978-7-5226-0451-0

Ⅰ. ①嫩… Ⅱ. ①汪… Ⅲ. ①嫩江－冰情－演变②冰
层－沉排－施工技术 Ⅳ. ①P343.6②TV861

中国版本图书馆CIP数据核字(2022)第019777号

书 名	嫩江冰生消规律及冰上沉排施工关键技术 NEN JIANG BINGSHENGXIAO GUILÜ JI BINGSHANG CHENPAI SHIGONG GUANJIAN JISHU
作 者	汪恩良　韩红卫　刘兴超　张守杰　著
出版发行	中国水利水电出版社 （北京市海淀区玉渊潭南路1号D座　100038） 网址：www.waterpub.com.cn E-mail：sales@waterpub.com.cn 电话：(010) 68367658（营销中心）
经 售	北京科水图书销售中心（零售） 电话：(010) 88383994、63202643、68545874 全国各地新华书店和相关出版物销售网点
排 版	中国水利水电出版社微机排版中心
印 刷	清淞永业（天津）印刷有限公司
规 格	184mm×260mm　16开本　7.25印张　176千字
版 次	2022年1月第1版　2022年1月第1次印刷
印 数	001—400册
定 价	**48.00元**

前　言

　　冰冻是世界上寒冷地区普遍存在的自然现象，纬度较高地区的河流封冻以后，由于过水断面湿周增长，水力半径减小，冰盖的糙率作用以及水浸冰和水内冰占去了部分过水断面等，从而导致了水流形态的变化，妨碍正常的发电和供水、缩短航期、增加水工建筑物的荷载和影响河流泥沙运动等。因此，江河冰情与水利工程、交通运输和国防建设等都密切相关。

　　冰上沉排是我国北方地区冬季常见的施工技术，主要应用于护岸工程，在不同地区应根据岸坡破坏形式和冰层力学性质选择合适的沉排类型与施工技术。黑龙江嫩江干流大部分堤防是在民堤基础进行加高培厚而成，由于地基土质不良，河流冲刷严重，必须采取护岸措施。嫩江流域冬季漫长寒冷，水利工程的施工期较短，冰上沉排技术可以有效解决一些常规防护方式无法解决的问题。本书针对嫩江（齐齐哈尔段）的护岸工程，从冰层承载力、沉排设计、施工等方面探究了该地区冰上沉排的关键技术，技术成果可为我国寒区河流护岸工程沉排法施工以及安全运营提供参考。

　　本书共分7章。第1章扼要介绍我国河冰分布概况、嫩江冰情概况、河冰的生消过程及特点、河冰学研究进展和沉排施工研究进展。第2章基于嫩江（齐齐哈尔段）冰生消规律历史数据分析和冰生长过程模拟阐述嫩江岸冰生消规律。第3章利用实验室控温能力与野外实测资料通过多参数控制，模拟嫩江冰层生消过程。第4章介绍嫩江岸冰工程力学性质，包括弯曲力学性质、单轴压缩力学性质和三轴压缩力学性质。第5章概述冰上沉排类型及设计，重点介绍了石笼沉排、土工织物软体沉排和铰链式模袋混凝土沉排。第6章介绍了冰上沉排关键技术，包括冰层承载力计算和预测以及冰上沉排施工技术。第7章概要阐述了冰上沉排施工技术导则。本书是编写组成员通力合作的成果。第1~3章由汪恩良编写；第4、6章由韩红卫编写；第5、7章由刘兴超编写；张守杰为本书的编写提供了宝贵资料。最后由汪恩良、韩红卫负责统稿。同时，汪恩良教授团队的研究生也参与了收集资料、校对、图表绘制等工作，在此表示真诚的谢意。本书在编写过程中参阅了相关文献和著作，在此向原作者表示感谢。

　　由于编著水平有限，书中不妥之处在所难免，敬请同行专家、学者及读者朋友批评指正。

编者

2021 年 10 月

目 录

第一篇

嫩江冰生消规律

1 绪 论

1.1 我国河冰分布概况

冰冻是世界上寒冷地区普遍存在的自然现象，冬季在负气温的影响下，世界上纬度较高地区的江河都有冰期。河流封冻以后，由于过水断面湿周增长，水力半径减小，冰盖的糙率作用以及水浸冰和水内冰占去了部分过水断面等，从而导致水流形态的变化，妨碍正常的发电和供水，缩短航期，增加水工建筑物的荷载，影响河流泥沙的运动。因此，江河冰情与工农业生产、水利工程、交通运输、国防建设等都密切相关，尤其是冰塞冰坝等严重冰情，还会给国计民生造成巨大的损失。

我国幅员辽阔，自北纬30°以北的河流都会发生冰冻现象。但是，由于纬度的差别而形成的热力因素方面的差异，致使一些冰情特征值，如初冰日期、封冻日期、解冻日期和最大冰厚等具有明显的地区性，这些特征值的等值线，除了在大盆地和大高原形成一些闭合中心外，其余的大体均呈东西或东北—西南走向，一般来说，初冰日期、封冻日期随纬度的增加而提前，解冻日期则随纬度的增加而滞后。我国河冰分布概况详见表1-1。

表1-1 我国北方河流主要站点冰情特征值

河 名	站 名	东经	北纬	冰情日期/（月-日）			冰情天数/d		最大冰厚/m
				初冰	封冻	解冻	流冰花	封冻	
黑龙江	开库康	124°48′	53°09′	10/22	11/06	05/03	15	178	1.60
	呼玛	126°39′	51°43′	10/25	11/13	04/28	19	167	1.46
	黑河	127°29′	50°15′	10/27	11/16	04/28	20	164	1.28
	奇克	128°28′	49°35′	10/26	11/16	04/27	19	163	1.24
	嘉荫	130°23′	48°54′	10/31	11/24	04/23	24	151	1.14
	萝北	131°20′	47°43′	11/01	11/19	04/19	18	150	1.04
嫩江	库漠北	125°16′	49°27′	10/24	11/06	04/17	13	163	1.35
	阿彦浅	124°37′	48°46′	10/30	11/13	04/17	14	153	1.18
	同盟	124°22′	48°04′	11/03	11/18	04/10	15	140	0.97
	富拉尔基	123°40′	47°12′	11/05	11/17	04/14	12	149	1.03
	大赉	124°16′	45°33′	11/04	11/20	04/08	12	139	0.86

河 名	站 名	东经	北纬	冰情日期/(月-日)			冰情天数/d		最大冰厚/m
				初冰	封冻	解冻	流冰花	封冻	
松花江	下岱吉	125°24′	45°25′	11/02	11/23	04/07	9	136	0.92
	哈尔滨	126°35′	45°46′	11/12	11/25	04/08	13	134	1.00
	依兰	129°33′	46°20′	11/02	11/17	04/13	16	138	1.08
	佳木斯	130°20′	46°50′	11/02	11/22	04/16	13	146	1.13
	富锦	132°00′	47°16′	11/07	11/23	04/17	16	144	1.02
辽河	福德店	123°35′	42°59′	11/11	11/26	03/28	14	123	0.86
	铁岭	123°50′	42°20′	11/12	12/01	03/19	19	108	0.61
	巨流河	122°57′	42°00′	11/14	12/04	03/20	19	107	0.61
鸭绿江	十四道沟	127°55′	41°26′	11/01	12/01	04/04	22	124	0.98
	集安	126°10′	41°06′	11/30	12/22	03/22	23	90	0.82
永定河	卢沟桥	116°13′	39°52′	11/30	12/11	02/27	11	42	0.51
黄河	兰州	103°49′	36°04′	11/16	01/13	02/23	58	42	0.48
	石嘴山	106°47′	39°15′	11/25	12/28	03/08	34	71	0.51
	包头	110°11′	40°33′	11/19	12/08	03/21	19	104	0.79
卫运河	德州	116°22′	37°31′	12/10	12/30	02/10	20	42	0.20
额尔齐斯河	布尔津	86°51′	47°42′	11/03	11/23	04/03	20	131	0.94
伊犁河	雅马渡	81°40′	43°37′	11/27	—	—	99	0	—
库玛拉克河	协合拉	79°37′	41°43′	11/20	—	—	97	0	—
叶尔羌河	卡群	76°54′	37°59′	11/03	—	—	86	0	—

1.2 嫩江冰情概况

黑龙江省是全国气温最低的省份，相较于吉林省与辽宁省全年负气温天数更多，年平均气温从北向南由−5℃逐渐递增至4℃，全年有5个月的时间平均气温在0℃以下。最冷月（1月）平均气温，从西往东南由−30.9℃逐渐递增到−14.7℃，冻结期长达半年之久。寒冷的自然地理环境造成水利工程的冻害及施工期限短暂，严重影响了本区人民的文化、生活及经济建设等方面。嫩江是松花江的北源，发源于大兴安岭伊勒呼里山，流域地理坐标为东经120°~126.5°，北纬45.5°~51.5°。从河源至三岔河口全长1370km，流域面积$2.98×10^5km^2$，河流自北向南流，在三岔河汇入松花江。

嫩江上游多年平均最大河心冰厚为1.07~1.31m，河心冰厚最大值为1.60~1.98m，最小值为0.51~1.00m，平均开江日期为4月17—19日，最早为3月24日至4月9日，最晚为4月23—30日。平均封江日期为10月29日至11月11日，最早为10月19—27日，最晚为11月8—20日，除了最下游的双河电水文站，其他水文站每年均出现连底冻现象。封冻期160d左右。

嫩江上游冰坝和凌汛极为频繁，据库漠屯、嫩江两站统计，在 55 年系列中（1935—1945、1981—1994 年）有 11 年发生灾害性冰坝凌汛，平均每 5 年发生一次。冰坝发生时，卡塞河段最长达 20 余 km，冰坝的壅水高度可达 4～6m。冰坝凌汛洪水造成两岸漫溢，宽度可达 2～6km，洪水波及中下游近 400km 的河段，可造成几万公顷农田受淹。

1.3 河冰的生消过程及特点

冰的生消变化以及在变化过程中相伴随的关键物理参数的变化，包括冰层厚度、垂直温度剖面、积雪深度及冰层内部静冰压力强度等，是研究气候变化、人类活动对水循环影响的最直观科学依据。

河流冰情的发展演变主要包括结冰期、封冻期和解冻期三个不同的阶段。

（1）结冰期：当气温转负并不断下降时，河水温度随之下降到 0℃ 或稍低于 0℃ 的过冷却状态，于是在河流中开始出现冰情现象。历经初生冰、岸冰、水内冰、流冰花等阶段，常以冰针、冰淞、冰花、底冰、锚冰、冰礁、冰桥等多种形态来表现。随着气温的持续下降，当密集的流冰在急弯、浅滩、河道束窄处卡堵后，后续的流冰便在该处以上河段形成封冻冰盖。

（2）封冻期：河流中的封冻冰盖有立封和平封之分。河段流速大，或受顺水流方向大风影响，致使冰块相互挤压堆叠，冰盖表面起伏不平，俗称立封；反之，河段流速较小，岸冰延伸，或冰块平铺上溯，冰盖表面平整，俗称平封。在封冻边缘向上游发展的过程中，冰花和破碎的冰块常在封冻边缘处随水流下潜，并堆积在冰盖下面而形成冰塞，会导致上游水位骤然壅高，形成封河期凌汛。

（3）解冻期：河冰解冻俗称开河。当气温回升和太阳辐射强度增大时，冰盖表面开始融化，融化的水渗入冰盖，逐渐改变冰盖层的结构。冰盖的消融一般从岸边开始，并逐渐使冰盖脱岸；当水位上涨显著时，冰盖浮起，这时只要有适当的水力或风力条件，就会造成冰盖滑动或开河。开河的型式分为文开、武开和半文半武开三种。武开及半文半武开河时，大量流冰在浅滩、弯道、卡口及未解体的冰盖前缘等受阻河段堆积成冰坝，迅速壅高上游水位，形成开河期凌汛。

河冰的生消是气候变化的良好指示器。用于指示气候变化的河冰参数包括：初冰日期、封冻日期、解冻日期、封冻日数和最大冰厚等。随着全球气候变暖，河冰的封冻日期在推后，解冻日期在提前，封冻日数缩短，最大冰厚减薄。被切割、存储的河冰块可用于制冷、冰雕、冰景观建筑等；河冰的存在也可方便当地交通。当然，河冰也常给人类带来危害，如航道中断、堵塞引水口、冰凌灾害、凌汛等。

1.4 河冰学研究进展

20 世纪，人们在探讨河流热量平衡和河流水热力学的基础上，揭示了河冰形成的机理，对河流封冻、冰厚增消、冰坝和冰塞的形成、解冻和冰凌洪水等冰情进行了全面的研究，基于热力学和水力学理论的冰凌数学模型的研制也提上了议事日程，但由于河流热动态、河冰形成、河流冰情变化等都十分复杂，因此 20 世纪在这方面的研究成果大都是初步的、经验性较强的。21 世纪着重对河冰形成及河流冰情变化的热力学和水力学机理继续作深入的研究，以促使冰凌数学模型日臻完善。

在加拿大、美国、日本和北欧等许多国家，江河冰情的观测和研究工作发展迅速。为适应和推动这一新兴学科的发展，由国际水力研究协会发起，并在联合国教科文组织国际水文科学协会、世界气象组织、国际冰川学会等单位的联合倡议下创建了国际冰情问题委员会。该委员会于 1970 年在冰岛召开了第一届国际冰情学术讨论会，于 1996 年和 2012 年分别在我国召开第 13 届和第 21 届，平均两年一次的国际冰情学术交流活动，有力地推动了河冰学研究工作的开展。

通过物理或数学模型来模拟河冰现象，是一种好、快、省的试验研究方法。例如，当不涉及冰的热力和物理力学性质，而仅涉及水力作用与冰体运动变化间的关系时，就可采用水工模型，通过它可以观测到冰凌运动和堆积形态演变过程中的各种水流的临界参数。在设计模型时，必须同时考虑水流本身的弗劳德数相似（重力相似）和流冰的密度弗劳德数相似（流冰运动特性相似）。通常多选用与冰的密度相一致的微孔塑料或工业白蜡来代替冰块。但是，利用这种不同于冰的薄块来模拟冰块时，模型中出现的"冰块"的挤压现象和堆积过程与天然河流中的实际情况会有一些差距。在涉及冰的热力和物理力学性质的研究时，例如，研究冰晶的生成过程，就必须在只有冷冻作用的条件下进行。

冰情预报包括初冰流冰、封冻、解冻日期和冰厚、冰量冰塞冰坝等项目的预报，其基本原理是建立在对热力、水力、河道特性和冰情现象综合分析的基础上。在预报方法方面，现有两种基本途径。第一种途径：预报人员利用现有的统计工具，统计分析现存的历史记录（至少对一些人口密集的地区来讲，是具备这种资料的），有些地方还做了资料的插补工作，然后根据统计规律或已出现的特征指标来编制长期冰情预报；第二种途径：对热量进行详细的分析计算，根据气象预报的因子和水文预报的水位、流量等来确定热量交换，进行短期冰情预报。这一途径预报的成功率，不能超过气象和水文因素的预报精度，因此发展这种预报的主要障碍是缺乏正确的天气预报。当然，对冰的物理力学性质的变化充分了解，亦有助于提高冰情预报的精度。

我国对江河冰情的形成变化规律及防凌措施在古代就有研究，但系统的研究工作是在新中国成立后才逐步开展的，首先制定了冰情观测规范，加强了冰情观测，进一步开展了冰情预报、分析计算和进行一些特殊冰情如冰塞、冰坝等观测研究。在以往防凌工作的基础上，改进防凌方法，创造了一些新的防凌措施。到 20 世纪 90 年代，我国的江河冰情研究引进了国外先进经验，并向深度和广度发展，1992 年成立了中国水利委员会水力学专业委员会冰工程学组，同年在黄河天桥召开了第一次冰工程学术会议，会议交流的内容包括冰水力学、冰物理和冰力学冰情预报等。目前，我国江河冰情的研究已由经验统计到物理成因分析、形成变化机制的探讨，计算方法由简单的经验相关到成因分析计算和数学模拟，有些研究已达到国际先进水平。

1.5 沉排施工研究进展

在沉排法中，排体制作、涵盖了木材、钢材、水泥和土工合成材料等四大工程材料领域。1931 年，美国在密西西比河采用铰链式混凝土沉排护岸，成为世界首例。我国于 1974 年利用土工织物制作软体沉排以对江苏省江都长江护岸，可视为土工合成材料用于国内沉排的先例。

土工合成材料是一种区别于天然材料诸如木材、石料等用于岩土工程的高分子聚合物。早先曾被称作"土工织物（geotextile）""土工膜（geomembrane）"，后又出现"土工格栅（geogrid）""土工网（geonet）""土工格室（geocell）""土工带（geoble）""防护浆垫（Foreshore protection）"等相关产品。虽然用作土工合成材料的原材料诸如聚乙烯、聚酰胺、聚酯和聚丙烯等先后于 1931 年、1935 年、1941 年和 1954 年研制成功，1994 年于新加坡召开的第五届国际土工合成材料学术会议才真正将人工合成的这些高分子聚合物命名为"土工合成材料"。

19 世纪末和 20 世纪初，石笼被广泛应用于水利与公路工程。但随着混凝土及钢筋混凝土结构的发展，石笼的应用逐渐减少，到了 20 世纪中叶几乎被人遗忘，因为采用石料编制石笼需要付出大量的手工劳动。到了 20 世纪末，人们已确信混凝土和钢筋混凝土护坡与护岸因属刚性结构不能适应土坡（岸）的变形，达不到护坡护脚的预期效果，于是，人们又重新转向修筑石笼护坡的铺设石笼护脚。但此刻的石笼沉排实施，已进入主要为机械化施工阶段，我国于 2002 年 2 月开始在湖北省石首市长江堤防上采用合金钢丝网石笼进行护岸（脚），是国内在深水水下 3～25m、水流湍急区域的首例，其规模为 460m× 76m×1m（长×宽×厚），石笼 9960 个。

耐特笼土工网是继无纺布之后发明的一种新型土工加筋材料，采用高密度聚乙烯或聚丙烯挤压成型。用此工艺制作的网，不发生网眼断裂、尺寸稳定性好、纵横向强度均匀、耐冲击性强，重量只有相同尺寸镀锌铁丝网的 1/8。而且，施工简便，耐久性最长（据英国国家标准协会认证的质量保证期为 120 年）对土壤与水质无污染，价格较低。20 世纪 80 年代以来，耐特笼土工网已在欧洲、美国、加拿大、日本等 100 多个国家（地区）广泛应用。我国于 1992 年成立专门生产耐特笼塑料制品有限公司，1994 年国家组织水利水电、公路、铁道等系统赴英国考察 Netlon limited. Co.，1999 年正式引进该材料生产线，并由厂家与国内 42 家设计院、27 个高等院校与科研机构，以及国际土工成材料学会（IGS）协作，仅此一项产品，就在国内数百个重点工程计约 360 万 m² 应用成功。

软体排是刚性板的对应护底（脚）结构。狭义地讲，软体排主要是指在土工格栅二维结构基础上开发出来的一种二维护底（脚）结构——土工网格（geoweos）。1980 年法国首先开发了蜂窝状土工织物网为基础的土体约束系统。这些蜂窝状网是通过土工织物全部张拉开时，形成六边形或菱形网孔的蜂窝网，当时这种系统主要用在防雨、防冲工程中。1982 年随着 Tensar 土工网格沉排的发展，英国 Netlon 公司又进行了改进，推出名为土工网格褥垫（geoceelmttres）的产品，它是由土工格栅和专门的锥形接管组装在一起的褥垫用于堤坝下的软土地基中，以提高其承载力。直到 20 世纪 90 年代后，美国陆军工程师团和美国沙漠风暴治理部门才将土工网格用于沙漠固砂系统和沙漠筑路之中。我国三维的土工网格软体排起步于 20 世纪 90 年代中期。土工网格原材料主要采用聚乙烯（polythyl-ene）；软体排由土工网格块连成，而网格块又由（10～15cm）×1mm（高×厚）片材铆接而成。

铰链式模袋混凝土沉排主要是在丁坝坦坡前沿河床底部或堤岸坡脚部铺设一定长度与宽度的防冲反滤排体。从该排体的组成而言，在反滤布、压载、模袋布、铰链绳和混凝土砂浆这 5 项中，就有反滤布、模袋布和铰链绳 3 项属于土工合成材料。20 世纪 50 年代初，荷兰三角洲工程首先采用土工合成材料，当时用量就超过 1000 万 m²。在我国，作为模袋用于铰链混凝土排体组分，始于 20 世纪 80 年代江苏南宫河口岸治理工程中；1998 年大洪水后，在长江、松花江、辽河和黄河等流域的护岸防冲工程中得到广泛应用。

1959 年 2 月在黄河中游包钢水源工程施工中第一次采用冰上沉排，效果良好。1991—1994 年，松辽水利委员会科研所、吉林省松原市水利水产局、吉林省扶余县水利局在松花江扶余段进行了《深水冰上大面积土工织物沉排技术研究》获得了成功。1998 年松花江特大洪水发生后，哈尔滨市水利规划设计研究院在"松干堤防应急度汛防洪工程"设计引进了软体沉排新技术，应用在护岸工程上。其中，木兰县松干堤防护岸总长 1000m，软体排面积 20000m²，双城市松干堤防护岸总长 2150m，软体排面积 56000m²；黑龙江农垦勘测设计研究院设计的黑龙江干流勤得利十三队卧牛口护岸工程、乌苏里江八五九东安护岸工程，两处护岸沉排面积共 80100m²，分别于 1999 年和 2004 年完成，到 2014 年底，所调查沉排工程运行状态良好。

2002 年，松辽委嫩江右岸省界堤防工程建设管理局负责建设的嫩江右岸省界工程中，在嫩江右岸省界堤防工程的白沙滩险工护岸设计中，采用软体沉排铅丝石笼网格、沙袋压载的设计方案进行险工治理。该段险工长 3.3km，沉排横向长 15m，沉排面积为 49500m²。工程于 2003 年 3 月竣工，经过 1 年运行，由于嫩江水位变化较大，压载的沙袋在枯水期暴露在水上，使沙袋老化破裂严重，砂土被水冲刷流失。经过专家论证，在枯水位区域内，使用石块进行压载处理。此后经过 10 年的运行，工程未出现任何河岸崩塌，尤其是 2013 年嫩江大水后，该险工护岸工程完好。2008 年，在嫩江右岸省界堤防工程马蹄子险工护岸工程和半拉山泵站进水口护底工程，黑龙江省水利水电设计院，提出了格栅石笼软体沉排的方案进行该段险工治理和灌溉站进水口底部防护，两项工程于 2009 年完工。经过 4 年的运行，防护效果显著，尤其是经过 2013 年嫩江大洪水的考验，工程运行良好。

近年来，随着石笼沉排技术完善和外包材料的发展，这种冬季冰上石笼沉排新工艺、新技术，在松辽流域的河道险工治理和国境界河国土防护工程上得到了广泛的应用。延长了东北地区水利工程建设的施工期，满足了大规模水利工程建设的需要。实践证明，这种方法在近年来完成的护岸工程中防护效果比较好，并且在结构上更适用于东北独有的冻胀变形特点，适用于东北冬季施工。

1.6 河冰常用术语

封冻始期（beginning of freeze - up）：首次在水面上观察到的形成稳定冬季冰盖的日期。

解冻始期（Break - up initiation）：由于融化、水的流动或水位上升引起的冰断裂或移动的时间。

封冻（Freeze-up）：河段内当出现横跨两岸的固定冰盖，且敞露水面面积小于河段总面积20％的现象。河段封冻的形态与河道地形。水力及热力因素、风向风速等有关，可分为平封和立封两种类型。

平封（Juxtaposed freeze-up 或 Thermal freeze-up）：封冻冰盖表面比较平整，封冻前一般先产生冰桥，流动冰花或冰块沿冰桥平面上溯，导致河段封冻；或者两岸岸冰较宽，当天气骤冷时，敞露水面迅速冻结。平封多发生在水流平缓的河段上。

立封（Packed freeze-up）：封冻冰盖表面参差不齐，极不平整。在封冻过程中，若流速较大，冰花及碎冰易在封冻冰缘前发生堆积，互相挤压、重叠倾斜冻结在一起，使冰盖表面形成大量的冰堆，起伏不平。立封多发生在水流较急且多浅滩的河段。有时大风也能使宽阔的平原河流形成立封。

封冻日期（Freeze-up date）：首次观察到的水体完全封冻的日期。

封冻历时（Freeze-up period）：初始冰盖形成所经历的时间。

封冻期（Duration of ice cover）：冰盖从封冻到解冻的持续时间。

解冻日期（Break-up date）：水体首次被观测到完全无冰的日期。

解冻历时（Break-up period）：冰盖解冻经历的时间。

文开河〔Thermal break-up（Tranquil or Over-mature break-up）〕：主要是热力因素作用的结果，其特点是水位、流量没有急剧的变化，水势较平缓，冰盖大多就地融化，流冰较少，通常需要较长的时间过程。

武开河〔Mechanical break-up（Violent or Premature break-up）〕：主要是水力因素作用的结果。其特点是水势变化急剧，冰质坚硬，流冰多而集中，具有很大的破坏力，易于形成冰坝造成危害，开河过程在较短的时间内完成。武开河常见于自南向北流的河流上。

半文半武开河〔Semi-violent break-up（Mature break-up）〕：开河热点介于以上两种形式之间，是最常见的开河形式。

冰消（Ice clearing）：冰完全融化之前的解冻过程。

冰盖（Ice cover）：水体表面由各种形式的冰组成的大范围冰面。

冰坝（Ice jam）：开河时，大量流冰在浅滩、弯道、卡口及未解体的冰盖前缘等受阻河段堆积起来，横跨整个或大部分断面，显著壅高上游水位的现象。

浮冰（Ice floe）：大于1m的自由漂浮的冰块。

冰塞（Frazil jam）：在封冻冰盖下面，因大量冰花堆积，堵塞了部分河道断面、造成上游水位壅高。

冰层（Ice sheet）：光滑连续的冰盖。

流凌（Ice run）：冰块或兼有少量冰花的流动现象。冰流或轻或重，可以由屑冰、锚冰、冰花或片冰组成。开河后，冰盖破裂随水流动。文开河时，流冰和缓；武开河时，流冰迅猛、冰质坚硬，易形成流冰堆积或冰坝而造成危害。

岸冰（Border ice）：沿河岸冻结的冰带。

初生岸冰（Initial border ice）：在初冬寒冷的夜里，在岸边就形成的薄冰带，白天气温升高后，往往就地融化或脱岸漂走。

固定岸冰（Fixed border ice）：当气温稳定下降后，初生岸冰逐渐发展成为牢固的冰带，其宽度和厚度随累积负气温而增加。在水流较急的河段，固定岸冰可保持整个冬季，并能达到最大的厚度。

冲积岸冰（Agglomerated border ice）：在风和水流的作用下，流动冰花或冰块被冲到岸边或岸冰边冻结而成的冰带，其表面常常是不平整的。

碎冰（Brash ice）：不超过宽 2m 的碎片组成的浮冰堆积物，冰的其他形式的碎片。

解冻、冰盖的解体（Break‐up）：俗称开河，即在较长的河段内已没有固定的冰盖，且敞露水面，上下游贯通，其面积超过河段总面积 20% 的现象。

冰上融水（Accumulation of melt water）：冰上存有大面积水洼的现象。春季消融的冰雪水大面积地积于冰面。它与冰面流水的区别在于它是静止的。

块集（冰）（Agglomerate）：不同类型的冰冻结在一起形成的飘浮冰。

锚冰、底冰（Anchor ice）：附着于河底的水下冰。

锚冰坝（Anchor ice dam）：由于锚冰堆积形成的冰坝。

冰凇、透明冰（Black ice）：河流、湖泊中形成的透明冰。

烛状冰（冰烛）（Candle ice）：融冰期冰盖形成的柱状颗粒状冰。亦称马牙冰。

柱状冰（柱冰）（Columnar ice）：由柱状结晶组成的冰，普通的透明冰通常是柱状结晶颗粒组成。

坚冰盖（Consolidated ice cover）：由大块浮冰、碎冰和其他形式漂浮的冰冻结在一起形成的冰盖。

冰滑动（Dislodging of ice cover）：整片的或分裂成大面积的封冻冰盖，顺流移动一段距离后又停滞不动的现象。春季河流解冻期，局部河段冰盖先脱岸解体发生大面积滑动，但因动力条件不足，或受未充分解体冰盖阻挡以及受局部河道形态影响，冰盖滑动后又停滞。有的冰盖可滑动多次。冰滑动是开河的先兆。

浮冰（Floating ice）：浮在水上的任何形式的冰。

冰盖浮起（Floating ice cover）：封冻冰盖脱离两岸，呈整片状浮于水面的现象。在开河以前，由于岸边融冰或水位上涨，使整片的封冻冰盖不再受两岸冰结的束缚，浮于水面。

浮冰块（Floe）：颗粒冰堆积在一起的冰块。

覆水冰或冰上流水（Flooded ice）：冰面上发生流水的现象。冰由融化的水或河水覆盖，严重时冰上可载有水和湿雪。冰上流水主要发生在解冻期。当春季气温回暖时，冰面上或流域坡面上的积雪融化，汇集在冰面上流动。冰上冒水也会形成冰上流水。

破裂（Fracture）：冰盖或浮冰块由于变形而发生的破碎或断裂。

水内冰或冰屑（Frazil）：悬浮在水中的针状、盘状冰或冰花，在河道和湖泊中形成于过冷却的湍流水中。

冰花（Frazil slush）：漂浮或堆积在冰盖下面呈松散颗粒状的冰屑团。

球粒状冰（Granular ice）：由粒状冰组成的冰体。

连底冻（Grounded ice cover）：从河面到河底全断面冻结成冰的现象。连底冻常发生在宽浅的小河上。一般是由于地面、地下水补给量很少或停止以及结冰水量损失等所致。

防冰栅（Ice boom）：用于拦冰的浮动建筑物。

冰桥（Ice bridge）：上、下游均为敞露水面，中间为横跨断面的固定冰盖。冰桥是由河流两岸岸冰向中心延伸并相互连接而成，或由流动冰花、冰块堆积于岸冰之间冻结而成，冰桥常是该河段封冻的起点。

层冰层水（Ice cover with intercalated water layers）：冰层中夹有水层的现象。封冻冰盖表面的积水、冰上流水遇降温后结冰，有时与原冰盖冻结在一起，有时冰面上的水较深，只能在水的表面冻结一层冰，形成层冰层水。

堵冰、卡冰（Ice jamming）：形成冰阻塞或拥塞的冰体堆积过程。

冰丘（Ice mound）：在封冻冰盖表面鼓起的锥形或椭圆形冰包。封冻期，在冰盖较薄冰质尚不坚硬的部位，由于水流不畅通而产生水压力的作用，使冰盖膨胀鼓起或破裂，形成冰包。

冰堆（Ice pack）：高出平整封冻冰盖表面的局部冰体。在封冻过程中，流动冰块或冰花团在局部位置相互挤压，横竖交错冻结在一起，形成平整冰面上突出的冰堆。

冰礁（Ice reef）：固着在河底并露出水面的冰体。冰礁易发生在水流较浅的沙洲、浅滩等处，常由底冰或搁浅的冰花团冻结而成。

冰脊（Ice ridge）：在封冻冰盖表面隆起的垄状冰带。冰脊多发生在清沟封冻所形成的冰盖上。清沟封冻后的冰盖较周围的冰盖薄，当气温剧烈变化时，因受周围的冰体膨胀挤压的作用，冰盖破裂并隆起，呈一沿原清沟走向的垄状冰堆。

冰层塌陷（Ice sheet depression）：封冻冰盖出现向河心方向的凹陷或折落的现象。河流稳定封冻后，由于水位显著下降及河段地形的特点，冰盖发生凹陷折落。

初生冰［Initial ice（Skim ice）］：在水面最早形成的薄冰。秋末冬初，气温低于0℃后，于水流平缓处出现的薄冰，一般多呈针状和松散的片状。

冰针［Ice needle（Ice spicules）］：在特定的晶核形成条件下形成的冰晶细针。在河岸边出现的透明易碎的薄冰，一般呈零散的小片状或针状。

清沟（Lead）：封冻期间，河流中未冻结的狭长水沟。清沟多出现在流速较大的河段，如急流、浅滩等处。在泉水、工业废水及污水汇入的地点也常形成清沟。

薄饼状冰（Pancake ice）：有凸起边缘的圆形的冰块，它的形状和边缘是由于重复碰撞形成的。亦称莲叶冰。

腐冰、烂冰（Rotten ice）：处于融化阶段后期的冰。

崎岖冰、粗糙冰（Rough ice）：通常指表面粗糙的冰盖。

粥样冰（Skim ice）：水面上的初始薄冰，夜间形成，在日出后气温升高就地融化或脱岸漂失。是河流中最早出现的冰情现象。

流冰球、冰花球（Slush ball）：由于沿湖岸的风和波浪作用或河流中湍流的延长，使雪、屑冰和冰粒等紧密结合并增长而形成的现象。

流冰花（Slush ice run）：冰花随水流流动的现象。冰花是浮于水面的冰凇、棉冰、水内冰和碎薄冰的总称，其主要成分是水内冰。流冰花多发生在初冬，流冰花的疏密度随气温的降低而增大。

冰上覆雪、雪盖（Snow cover）：封冻冰盖表面覆盖积雪的现象。冰上覆雪是由降至或吹至冰盖上面的雪形成的。

雪冰（Snow ice）：冰盖上的湿雪冻结而形成的冰，由于气泡的存在而呈现白色。

湿雪、雪泥（Snow slush）：冰面上渗进水的雪，或是大雪过后漂浮在水中的黏在一起的大雪块。

悬冰（Suspended ice cover）：悬于水面以上的封冻冰盖。悬冰皆发生在小河上。水位较高时在河面上形成坚固的封冻冰盖，以后水位下降，冰盖架空于水面以上，其重量由两岸支撑。

河心融冰（Thaw at midstream）：河流稳定封冻后，冰盖下的冰花逐渐较少，水位下降，冰盖的河心部分下凹，在春季随着气温的回升和太阳辐射的增强，冰盖上的融冰水向河心集聚，使冰融化变色进而出现大小不等的敞露水面，这是开河的先兆。

温缩裂缝（Thermal crack）：由于温度变化引起冰的收缩而导致的裂缝。

冰缝（Crack）：封冻冰盖上的缝隙。气温急剧变化和水位的迅速变化以及冰滑动等均可产生冰缝。

未冻结的冰盖（Unconsolidated ice cover）：松散的浮冰块。

水内冰（Underwater ice）：在水面以下任何部位冻结的冰。水流的紊动作用和水体过冷是水内冰形成的主要条件。产生于封冻前的敞露河段和封冻后的清沟内，固着在河底的水内冰又叫底冰或锚冰。水内冰是一种海绵状、多孔隙的冰晶组合体，由大小不同的珠状、薄片状、海绵状、羽毛状、卷叶状、粒状等一种或多种形式的冰结晶体集聚而成。

冰上冒水（Upwelling）：从封冻冰盖的缝隙、孔洞等处向上冒水的现象。冰上冒水多发生在较小的河流上。以下原因均可导致冰盖下水流处于承压状态，从而可能形成冰上冒水：第一，气温骤降，封冻冰盖迅速加厚，甚至部分断面发生连（边）底冻，阻水严重；第二，河段产生冰塞；第三，在解冻期，局部河段冰盖融化缓慢，不易随水位升高而上浮，使冰盖的阻水作用增加。冰上冒水发生在水流受阻河段的上游。

2 嫩江岸冰生消规律研究

极区和亚极区海冰和淡水冰是全球气候系统重要组成部分之一，也因其对气候变化的敏感性一直都被当作物候学指标。冰雪覆盖的发展代表了当地的天气条件，因此具有实用性，是非常有用的气候和气象变化的一个监测指标，冰层的初冰日，终冰日，冰层持续时间，最大冰厚等都是气候敏感参数。进入工业革命后，社会的发展过度利用化石燃料，导致大气含量中以 CO_2 为主的温室气体骤升，反馈结果则是气候变暖。气候变暖会影响河流冰层生消过程，如推迟初冰日，提前终冰日，缩短冰层持续时间，减小最大冰厚。所以对特定地区多年连续的冰层生消过程研究，可以揭示气候变迁过程，在长时间的气候变迁研究中具有重要意义。结冰过程水发生相变变化，液态水的物理性质及流体力学性质相应的转变为冰的物理性质和固体材料力学性质。冰层改变原有明水状态，冰膨胀、冰堆积或冰漂移会造成冰区水工结构损害，所以在寒区修筑的水工建筑和水工结构的设计必须考虑冰荷载的作用。

在冰情的研究中涉及不同的水力条件，静止水体与流动水体受到不同的水力条件的影响，冰层的生消过程会有所不同。滕晖通过室内静水试验对水库静水结冰过程及冰盖热力变化进行了模拟试验研究，得到气温是影响冰情的主要因素，冰盖厚度与累积小时负气温线性相关。但试验未考虑气温变化对冰层生消过程的波动效应。冰层生消是一个复杂的热力学过程，热力学过程取决于气象条件。气象条件中以低于 0℃ 的日平均气温累积的冰冻度日数是描述冰层生长期的一个重要参数。王拓以国外经典的史蒂夫模型和朱波夫模型为基础，利用现场冰情观测资料和气象资料，确定了大庆红旗泡水库有雪覆盖淡水冰冰厚与负积温的关系。

当河段内出现横跨两岸的固定冰盖，且敞露水面面积小于河段总面积的20%时的现象认为河面封冻。河面封冻与河段形态、河道地形、水力及热力因素、风向、风速等有关，一般可分为平封和立封。平封多发生在水流平缓的河段，封冻冰面较平整，封冻前一般先产生冰桥，流动冰花或冰块沿冰桥平铺上溯，导致河段封冻；或者两岸岸冰较宽，当天气骤冷时，敞露水面迅速冻结。立封时，封冻冰盖表面参差不齐。在封冻过程中，若流速较大，冰花及碎冰易在封冻边缘前发生堆积，相互挤压、重叠倾斜冻结在一起，使冰盖表面形成大量的冰堆，起伏不平。立封多发生在水流较急且多浅滩的河段。有时大风也能使宽阔的平原河流形成立封。岸冰冻结过程中，如若水深较浅，还会出现连底封（从水面到河底全断面冻结成冰的现象）。

2.1 嫩江（齐齐哈尔段）气象条件多年变化规律

河冰冻结过程中与气象条件密切相关，分析齐齐哈尔气象站 1951—2019 年间气温、气压、风速、相对湿度和日照时数的多年月平均。图 2-1 给出了多年月平均气温分布情况，其中 10 月为 5.26℃，11 月为 -6.69℃，12 月为 -16.03℃，1 月为 -18.75℃，2 月为 -14.01℃，3 月为 -4.25℃，4 月为 6.37℃。从平均气温分析可以看出，在 11 月河流开始结冰，一般在 4 月融化。图 2-2 给出了的多年月平均风速分布情况，11 月份河冰冻结期的月平均风速为 3.19 m/s，风速相对较小，河冰冻结初期易形成平封冰盖。

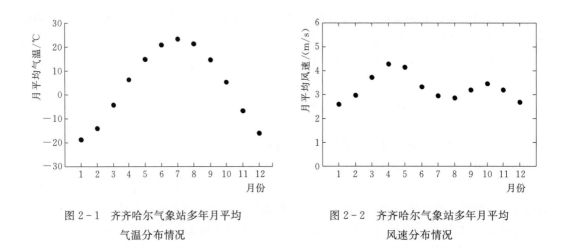

图 2-1　齐齐哈尔气象站多年月平均　　　　图 2-2　齐齐哈尔气象站多年月平均
　　　　　气温分布情况　　　　　　　　　　　　风速分布情况

使用数学模型揭示河冰生消过程，除了用到气温和风速参数外，气压、相对湿度和日照时数在模型完善中同样具有重要作用。图 2-3～图 2-5 分别给出了多年月平均气压、相对湿度和日照时数。11 月河冰冻结期的月平均气压为 1002.8hPa，月平均相对湿度为 61.2%，月平均日照时数为 188.5h。

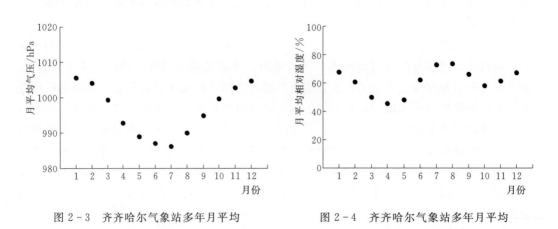

图 2-3　齐齐哈尔气象站多年月平均　　　　图 2-4　齐齐哈尔气象站多年月平均
　　　　　气压分布情况　　　　　　　　　　　　相对湿度分布情况

全球气候目前正经历着剧烈的变化过程，气温升高高纬度寒区湖泊和河流的冰期将会缩短。对芬兰 Vanajavesi 湖区研究显示，当气温平均升高 1℃，冰期缩短 13 天，最大冰厚减少 6cm。分析齐齐哈尔气象站 1951—2019 年月平均气温变化趋势，如图 2-6 所示，11 月平均气温升温幅度为每十年升温 0.255℃，12 月平均气温升温幅度为每十年升温 0.094℃，1 月平均气温升温幅度为每十年升温 0.367℃，2 月平均气温升温幅度为每十年升温 0.549℃，3 月平均气温升温幅度为每十年升温 0.562℃，4 月平均气温升温幅度为每十年升温 0.514℃。可以看出在整个冰期中，在冰层快速生长期的 12 月和 1 月升温速度最慢，保证最大冰厚无快速减小。

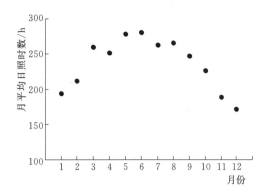

图 2-5　齐齐哈尔气象站多年月平均日照时数分布情况

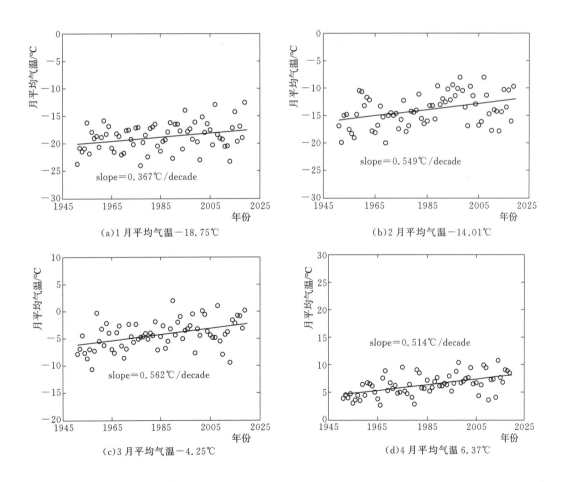

(a)1 月平均气温—18.75℃

(b)2 月平均气温—14.01℃

(c)3 月平均气温—4.25℃

(d)4 月平均气温 6.37℃

图 2-6（一）　齐齐哈尔月平均气温变化趋势

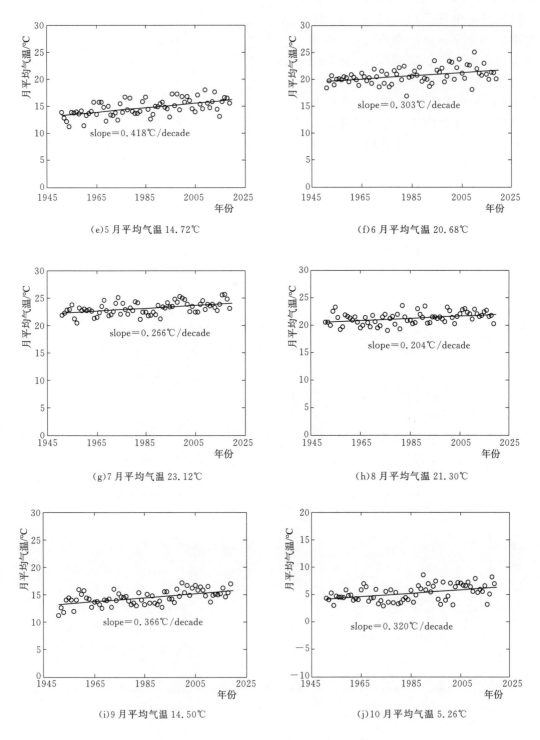

(e)5 月平均气温 14.72℃

(f)6 月平均气温 20.68℃

(g)7 月平均气温 23.12℃

(h)8 月平均气温 21.30℃

(i)9 月平均气温 14.50℃

(j)10 月平均气温 5.26℃

图 2-6（二） 齐齐哈尔月平均气温变化趋势

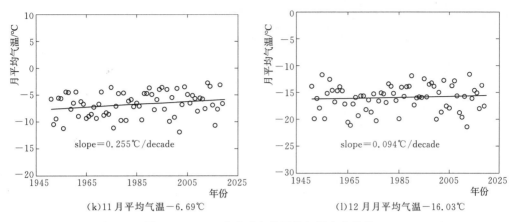

（k）11月平均气温−6.69℃ （l）12月月平均气温−16.03℃

图 2-6（三） 齐齐哈尔月平均气温变化趋势

图 2-7给出了 1951—2019 年平均风速多年变化趋势，可以看出，与气温不同，月平均风速自 1951 年以来呈现逐渐减小趋势。其中，11月平均风速减小幅度为每十年减小0.216m/s，12月平均风速减小幅度为每十年减小 0.222 m/s，1月平均风速减小幅度为每十年减小 0.221m/s，2月平均风速减小幅度为每十年减小 0.232m/s，3月平均风速减小幅度为每十年减小 0.257m/s，4月平均风速减小幅度为每十年减小 0.275m/s。可以看出在冻结期每月平均风速减小速度相差不大。

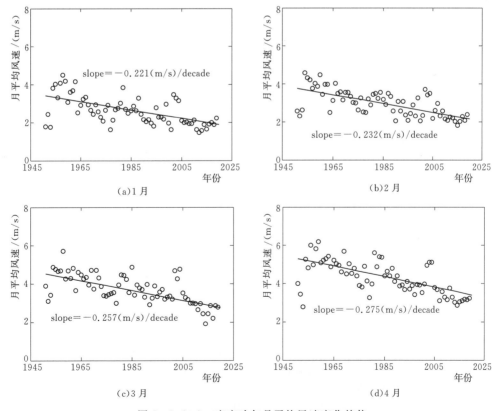

（a）1月 （b）2月

（c）3月 （d）4月

图 2-7（一） 齐齐哈尔月平均风速变化趋势

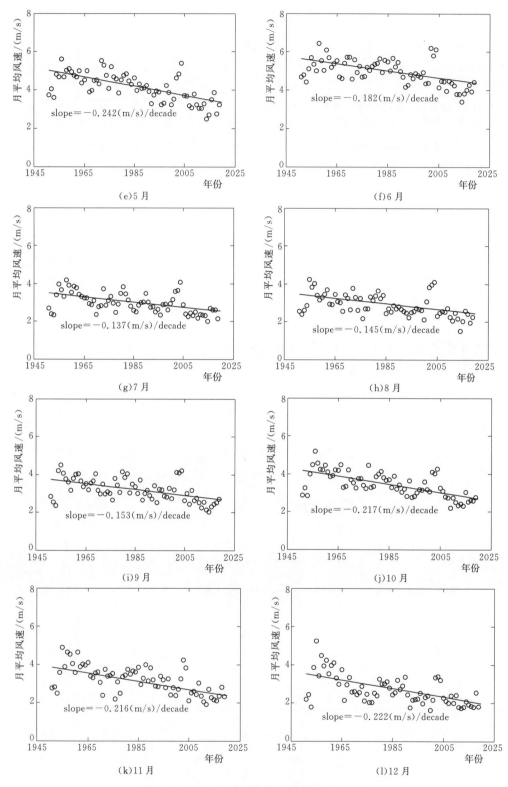

图 2-7（二） 齐齐哈尔月平均风速变化趋势

2.2 嫩江（齐齐哈尔段）冰生消规律历史数据分析

嫩江富拉尔基水文站坐落于齐齐哈尔富拉尔基区，在一年中嫩江齐齐哈尔段约有 5 个月的冰期，河冰作为一个重要的水文参数，是寒区河流水文观测必不可少的一项内容。从 1983 年开始对嫩江河冰生消过程进行连续观测，积累了丰富的历史数据。观测方法采用人工钻孔测量冰厚，在结冰初期，每隔 5 天观测一次冰厚，稳定生长期每隔 10 天观测一次。图 2-8 给出了 1983—2013 年河心处冰厚变化过程，一般在每年的 11 月上旬和中旬河流封冻；在次年 2 月下旬和 3 月上旬冰厚达到最大值；开河日期一般在 4 中下旬。图 2-9 给出了 1983—2013 年间河冰每个冻结周期的冻结时长。由图可知，最长冻结时长为 165 天，最短的冻结时长为 125 天，平均冻结时长约为 149 天。

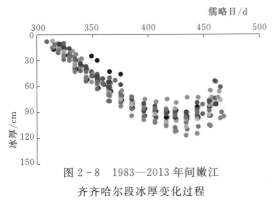

图 2-8　1983—2013 年间嫩江
齐齐哈尔段冰厚变化过程

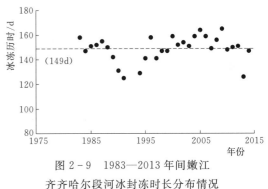

图 2-9　1983—2013 年间嫩江
齐齐哈尔段河冰封冻时长分布情况

河冰厚度观测设置两个观测位置，分别为河心处和近岸处。分析河心处和近岸处最大冰厚变化规律，图 2-10 给出了 1983—2013 年间嫩江齐齐哈尔段河心处和近岸处最大冰厚分布情况，其中河心处历史最大冰厚分布在 79~117cm，平均值为 101.3cm；近岸处历史最大冰厚分布在 92~127cm，平均值为 106.8cm。可以看出近岸处最大冰厚一般大于河心处，这是由于在近岸处冰下水流对冰层的影响相对较小，河冰生长近似于静水生长的淡水冰，其冰厚一般相对于主河道冰层厚度偏大。

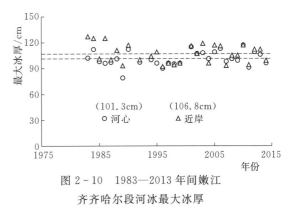

图 2-10　1983—2013 年间嫩江
齐齐哈尔段河冰最大冰厚

2.3 嫩江（齐齐哈尔段）冰生长过程模拟

冰冻度日可以用来识别冬季寒冷的程度，在冰学科中冻结度日又称冻结指数，是指温度低于水体冻结点的日平均气温累加之和。冰冻度日的计算，选取连续 3 日日平均气温低于 0℃的第一日开始计算冰冻度日；春季气温升高，当连续 3 日日平均气温高于 0℃从第一日停止计算冰冻度日。冰冻度日与冰厚的经验公式有很多，目前比较常用的是德国的斯蒂芬（Stefan）提出的，是理想条件下的热力学生长过程。首先假设：① 冰的表面温度等于冰表面气温，且是时间的函数；②冰的底面温度为淡水的冰点温度，为 0℃。它仅考虑冰层下界面热量平衡，其数学描述为

$$\begin{cases} \lambda \dfrac{\mathrm{d}\theta}{\mathrm{d}h} \times \mathrm{d}t = L\rho \mathrm{d}h \\ 0 < h(t) < h \\ h(0) = 0 \end{cases} \tag{2-1}$$

由式（2-1）和假设条件可得

$$\frac{\mathrm{d}h}{\mathrm{d}t} = \frac{\lambda}{L\rho} \frac{\mathrm{d}\theta}{\mathrm{d}h} = \frac{\lambda}{L\rho} \frac{\theta_t - \theta_a}{h} \tag{2-2}$$

$$h^2 = \frac{2\lambda}{L\rho} \int_0^t [\theta_t - \theta_a(t)] \mathrm{d}t \tag{2-3}$$

$$\alpha = \sqrt{\frac{2\lambda}{L\rho}} \tag{2-4}$$

$$FDD = \sqrt{\int_0^t [\theta_t - \theta_a(t)] \mathrm{d}t} \tag{2-5}$$

$$h = \sqrt{\frac{2\lambda}{L\rho}} \sqrt{\int_0^t [\theta_t - \theta_a(t)] \mathrm{d}t} = \alpha \sqrt{FDD} \tag{2-6}$$

式中　h——冰厚，cm；

　$\theta_a(t)$——气温，℃；

　　θ_t——结冰温度，0℃；

　　λ——冰的导热系数，J/(cm·s·℃)；

　　ρ——冰密度，g/cm³；

　　L——冰的潜热，J/g；

　　α——冰厚增长系数，cm/(℃⁰·⁵·d⁰·⁵)；

FDD——冰冻度日数，℃·d。

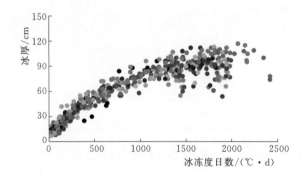

图 2-11　1983—2013 年间嫩江齐齐哈尔段
冰厚与冰冻度日关系

根据每年冰厚数据对应日期及气象历史资料，计算相应冰厚数据对应的冰冻度日数。如图 2-11 所示，冰厚随着冰冻度日数增加呈幂函数增长，根据式（2-6），可得嫩江齐齐哈尔段冰厚增长系数 α 为 2.29cm/(℃⁰·⁵/d⁰·⁵)。根据此增长系数和气温数据可以快速计算河冰厚度，对工程应用，特别是沉排施工具有指导意义。

2.4 嫩江冰生消过程原位观测

冰生消过程需要观测内容包含太阳辐射、冰厚、气温/冰温/水温。根据项目要求，选择在嫩江齐齐哈尔段开展现场观测试验，观测地点位于齐齐哈尔富拉尔基区水文站嫩江近岸。

太阳辐射是影响冰水环境的关键因素，一方面是太阳辐射影响冰下水体内溶解氧含量，太阳辐射对水内生物特别是鱼类具有重要意义；另一方面，太阳辐射影响冰层温度场，间接影响冰层强度，特别是在融化期，太阳辐射能量可使得冰层快速升温。所以，在河冰生消过程观测太阳辐射强度是必不可少的。

采用 JTR12 太阳辐射观察站（图 2-12）进行太阳辐射观测。JTR12 太阳辐射观察站包括 TBQ-2C 总辐射表、TBS-2C 直辐射表、TDE-2C 净辐射表和 TBD-1 散射装置。TBS-2C 直辐射表是一种自动跟踪太阳，用来测试太阳直接辐射量的辐射仪表，配有控制器，可交直流两用，如果交流 220V 突然断电，可直接自动切换到蓄电池供电，电压是 12V。该表用于测量光谱范围为 $0.3\sim3\mu m$ 的太阳直辐射量。也可用来测量太阳的日照时数（日照时数太阳直接辐照度达到或超过 $120W/m^2$ 时间段的总和，以小时为单位，取一位小数。日照时数也称实照时数）。TDE-2C 净辐射表用来测量太阳辐射及地面辐射的净差值，它的测量范围为 $0.27\sim3\mu m$ 的短波辐射和 $3\sim50\mu m$ 的地球辐射。仪器上下各有两个防风罩，它的材料是聚乙烯薄膜，它在 $3000\sim12000nm$ 的长波辐射带中也有很好的透过率，多压制成半球形，在观测时利用膜片泵将干燥的空气压入半球罩体，以保持它的外形。仪器的感应面分上、下两块黑片，利用热电堆测得两块感应面的温差电动势。TBD-1 散射装置把来自太阳直射部分遮蔽后测得值为散射辐射。散射辐射是短波辐射，须用总辐射表配上专用部件加以测量。TBD-1 型遮光环带与 TBQ-2C 型总辐射表配套，即形成了散射测试表，可用于气象台站、科研部门连续测定天空的散射辐射强度。

温度现场观测包括气温、冰温、水温。冰面上方 150cm 处安装空气温度探头，从冰面至冰下安装一条 15 个温度探头的温度链（0、10cm、20cm、30cm、40cm、50cm、60cm、70cm、80cm、90cm、100cm、110cm、160cm、210cm、260cm），以自动记录冰内和冰下水的温度。温度采样使用冰温/水温记录仪（图 2-13）自动记录，记录间隔每小时记录一次数据。

图 2-12 JTR12 太阳辐射观察站

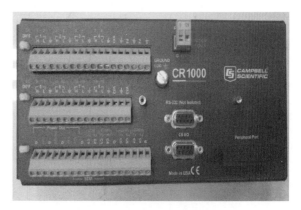

图 2-13 冰温/水温记录仪

21

冰厚定点观测采用冰下超声测距仪,超声冰厚测量仪(图 2-14)可连续观测冰层厚度变化,仪器包含远程数据传输模块,可在室内实时监控接受冰厚数据。该设备最大测量距离为 300cm,设计精度 1mm,数据分辨率为 0.01mm。该仪器稳定性好,精度高,在低温条件下可以实现连续不间断观测。冰下超声测距仪需安装在相应的温度链周围,保证冰厚变化数据与温度数据有较高的相关性。超声测距仪每 30min 自动记录超声探头至冰底面距离,结合初始冰厚度,得到全部时间轴上冰厚值。

探地雷达可进行冰厚快速测量,但是由于冰物理性质差异及仪器精度影响,探地雷达测量冰厚具有一定的误差。一般使用探地雷达研究大断面冰厚变化情况,测量断面分别沿垂直于河道和平行于河道设置。使用探地雷达测量冰厚时需要进行冰厚人工钻孔标定雷达。图 2-15 给出了探地雷达测量冰厚的实例。

图 2-14　超声冰厚测量仪　　　　　图 2-15　探地雷达测量冰厚

2.4.1　太阳辐射变化趋势

春季河冰消融过程中,太阳短波辐射是除气温外对河冰影响的主要因素,日照时数增加及辐射强度增强严重干扰了岸冰气—冰—水三者之间的热交换能力。冰层的反照率会对太阳与冰盖的热交换能力产生影响,2016-10-17—2017-6-21 期间观测到的太阳日累积总辐射强度如图 2-16 所示。在嫩江(齐齐哈尔段)河流封冻前,太阳总辐射强度已呈现逐渐减小的趋势;河流封冻后,太阳总辐射强度于 2016-12-19 日达到最低,仅为 1.86MJ/m^2;之后逐渐升高,于开河日期 2017-4-10 日达到 18.73MJ/m^2。

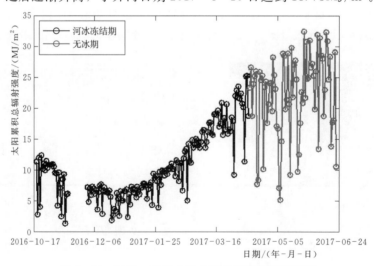

图 2-16　2016—2017 冬季太阳日累积总辐射强度

　　太阳净辐射是研究地面热量状况的主要参数，净辐射为正表示地面增热，净辐射为负表示地面损失热量。本研究观测到的太阳日累积净辐射强度如图 2-17 所示，净辐射强度先减小后增加，演变过程中会存在负值区间。用太阳净辐射与冰厚发展相联系提出了冰层生消过程的净辐射冰冻度日法，未来应继续探究净辐射对冰层生消过程中的作用机理。

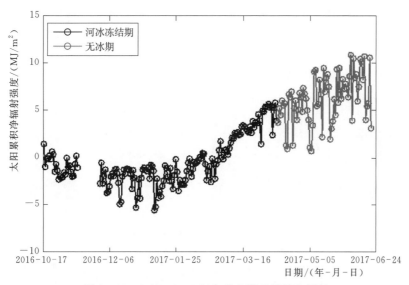

图 2-17　2016—2017 年冬季太阳日累积净辐射

　　太阳日累积直辐射强度与太阳日累积反辐射强度变化过程如图 2-18 所示。根据已有研究内容，在冰层生消过程中总辐射强度与净辐射强度是影响冰层热力学交换过程的主要因素，所以本章不再详述额外三种辐射的变化过程。

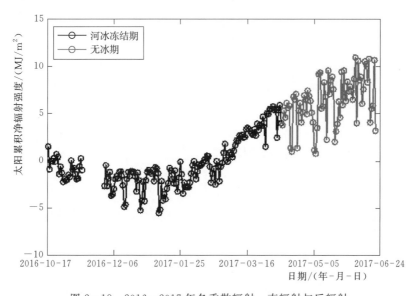

图 2-18　2016—2017 年冬季散辐射、直辐射与反辐射

2.4.2 河冰生消过程及冰厚分布

入冬后气温持续走低,当气温条件满足河冰生长,则在河水中首先出现冰花,随后会发生流动冰块。由于嫩江齐齐哈尔段水流平缓,冻结过程中没有发生大风事件,河面出现平封现象,即封冻冰面较平整,封冻时从两岸产生冰桥,随后流动冰花或冰块沿冰桥逐渐向河心冻结,并平铺上溯,导致河段封冻。在封冻过程中,若流速较大,冰花及碎冰易在封冻边缘前发生堆积,相互挤压、重叠倾斜冻结在一起,使冰盖表面形成大量的冰堆,起伏不平。立封多发生在水流较急且多浅滩的河段。有时大风也能使宽阔的平原河流形成立封。由图 2-19 可知,在封冻初期有初生清沟的存在,从封河过程可以看出,随着气温的降低和流量的减小,初生清沟逐渐冻结缩小并最终消失。

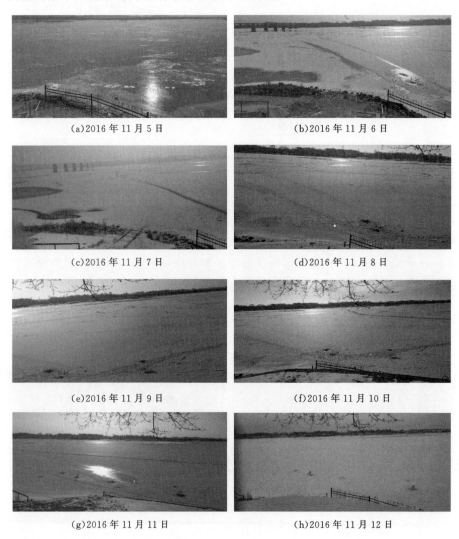

(a)2016 年 11 月 5 日　　　　　　　　(b)2016 年 11 月 6 日

(c)2016 年 11 月 7 日　　　　　　　　(d)2016 年 11 月 8 日

(e)2016 年 11 月 9 日　　　　　　　　(f)2016 年 11 月 10 日

(g)2016 年 11 月 11 日　　　　　　　　(h)2016 年 11 月 12 日

图 2-19　封河过程

气温变化可以为河冰生消做出良好的指示。2016 年 10 月 16 日日均气温为 -2.4℃ 出现负值,预示着河冰即将出现,2017 年 3 月 10 日日均气温为 0.55℃ 预示着河冰将要融化。如图 2-20 所示,气温日波动较大,每日 3 时气温接近最低,13 时气温接近最高,温差最大可达 13℃。初生冰层由于气温发生正负温交替的日变现象导致其无法快速形成稳定冰盖,同样稳定冰盖表面因积雪覆盖与正负温交替发生二次成冰现象出现雪冰。多数研究把冰盖表层接触的气温作为冰盖表层温度,故气温时刻变化使得冰盖表层温度被认为同步发生改变。

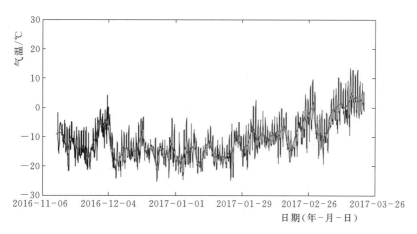

图 2-20 2016—2017 年冬季气温变化曲线

冰厚是河冰的重要参数,决定着冰盖的承载力,同时可以反映出气温的变化。如图 2-21 (a) 中显示,冰厚达到 93cm 时不再增长。特别情况,冰盖增长期经人工测量校正发现有 8cm 的雪冰在原测冰表面上形成。因雪冰成因机理和力学性质均与河冰存在差异,故不放在一起分析。冰盖增长率可以判断河冰的生长情况,在一定程度上预测冰厚发展。如图 2-21 (b) 所示,在冰盖增长期,增长速度维持在 1cm/d 左右,当冰厚稳定时增长速度接近于 0。春天气温回升,受水流动力、正负温交替变化与仪器测量误差等原因使得冰厚增减速率发生大波动变化。在春季河冰消融过程中,太阳短波辐射是除气温外对河冰影响的主要因素,如图 2-21 (c) 所示,根据 2016 年 11 月到 2017 年 3 月的采集到辐射数据发现,太阳短波辐射强度呈先减小后增加的趋势,且增加强度显著。受天气影响,部分时期太阳短波辐射强度大幅度减小。

李志军等研究对我国渤海海湾海冰厚度与冰冻度日的关系时对冰冻度日数进行了修正,认为 0℃ 至海水冰点间的日平均气温对海冰生消无效益。对于淡水冰而言,需要修正日平均气温高于 0℃,2016—2017 年冬季观测点冰层生长期和稳定期没有出现日平均气温高于 0℃情况,无需修正。入冬后随着气温的降低水体温度有一个逐渐放热的过程,根据气象条件和水流条件不同,一般河冰冻结形成稳定冰层前会有流冰现象。只有当冻结度日达到一定值后流冰才能冻结形成冰层。谢永刚在对胜利水库多年的冰盖生消数据分析,发现只有当冻结度日达到 16～26℃·d 时才会封库。河流冻结形成稳定冰层所需冻结度日数与气象条件有关,还与河流自身参数有关,如河流平面尺度、水深、形状等。一般情况水深越深,冻结形成稳定冰层所需的冰冻度日数会越大。根据现场观测到的数据和冻结现象,可知,在 2016 年 11 月 1 日当冻结度日数达到 40℃·d 时出现流冰,2016 年 11 月 8 日冻结度日数达到 85℃·d 时河流完全冻结形成冰层,在完全形成冰层的前 8 天有流冰现

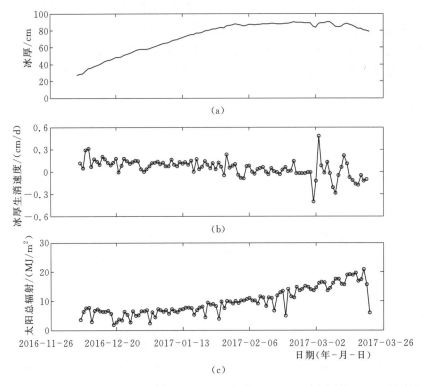

图 2-21 (a) 2016—2017 年冬季冰层厚度；(b) 冰厚度增长率（正增长率表明冰层厚度增加，
负增长率表明冰层厚度减小）；(c) 太阳总辐射

象发生。所以在拟合得到冰厚增长系数 α 前，还须对冰冻度日数进行修正。需要修正河冰结冰前期冰冻度日数在日平均气温低于 0℃ 对水体的降温效应。

探地雷达是一种探测地下浅层介电性质不连续物质的一种物探技术。在 20 世纪初，德国科学家首次利用这种无损地球物理技术来研究各种埋藏特征的性质。冰的介电常数为 3～4，水的介电常数为 81，沉积物的为 5～40，彼此之间的数值有明显差别。探地雷达电磁波穿过冰—水界面、水—沉积物界面时回波有明显变化，依次可判断相应的界面位置。雷达波在冰中的传播速度是决定雷达测量冰层厚度准确性的重要因素，雷达波在介质中的传播速度与介电常数有关：

$$V = \frac{c}{\sqrt{\varepsilon}} \qquad (2-7)$$

根据雷达波在介质中的传播速度与雷达在介质中的传播时间可确定介质厚度（深度）：

$$H = \frac{Tc}{2\sqrt{\varepsilon}} \qquad (2-8)$$

式中：H 为雷达波在介质中传播的双程用时，ns；c 为电磁波在空气中的传播速度，30cm/ns；ε 为介质的相对介电常数，其中纯冰的相对介电常数为 3.17，水的相对介电常数为 81。

探测雷达选用的是俄罗斯 GeotechOKO－2 探地雷达，天线频率采用 50MHz 和 150MHz。天线频率决定影响探测深度和分辨率，天线频率越低探测深度越大，精度越低，天线频率越高探测深度越小，精度越高。图 2－22 和图 2－23 分别给出了 150MHz 和 50MHz 天线沿嫩江富拉尔基水文站测量断面探测结果。可以看出 150MHz 天线无法探测河底地形，但是冰厚探测结果较好，冰厚平均约为 90cm。50MHz 天线可以探测河底地形，同时可以探测冰厚，但是冰厚探测精度相对 150MHz 天线偏低。根据分析图 2－23 水深分布情况可知，断面最大水深约为 580cm，50MHz 天线可精准探测 600cm 深度水深范围内河底地形。

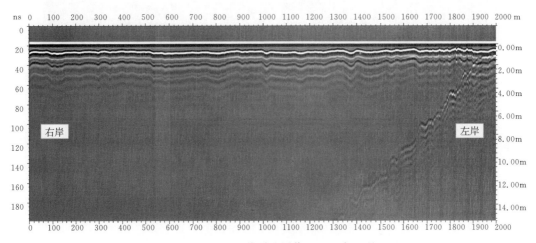

图 2－22　150MHz 天线雷达图像（2017 年 3 月 7 日）

2.4.3　冰温与水温

图 2－24（a）给出了 2016 年 12 月 6 日至 2017 年 3 月 10 日嫩江河冰冰内温度的季节变化。河冰生长期冰内温度随着冰厚的增加存在升高趋势。2016 年 12 月 28 日冰厚快速生长期内观测点发生冰上漫水，冰上覆水阻断气温引起的冰层向上热传递，同时覆水层存在向下传热加热原有冰层的作用，从而打破河冰冰内温度垂向分布规律，导致河冰冰内温度整体偏高。2016 年 12 月 28—31 日，冰上覆水层冻结形成厚 8cm 的叠加冰。2016 年 12 月 28 日前表层未形成叠加冰时，10cm 深度处最低冰温为－12.22℃（2016 年 12 月 27 日）；2016 年 12 月 28 日后表层形成叠加冰后，8cm 深度处（原 0cm 探头）最低冰温为－15.25℃（2016 年 1 月 12 日）。一般情况，上层冰体的温度主要受气温干扰，冰内温度波动较大；下层冰内温度受到气温和河水热传递共同作用，冰内温度波动相对较小；底面温度始终与河水冻结温度保持一致，约为 0℃。冰内温度除了具有季节变化，还存在规律的日变化，这是受气温日波动的直观作用结果。冰层表面温度日变幅度与气温日变幅度近似，而随着冰层深度的增加冰温日变幅度逐渐减小，直至临近冰水混合面日变幅度可忽略不计。

冬季冰温的波动性主要由于不同深度冰温响应气温变化的程度不同。在 2017 年 2 月 27 日气温升至 0℃ 左右后，垂直冰温整体升高，位于 0～－5℃ 之间，此后于 2017 年 3 月 1—6 日气温降低，冰温也随之降低。气温越低，垂直结构冰温区分越显著，当气温越接

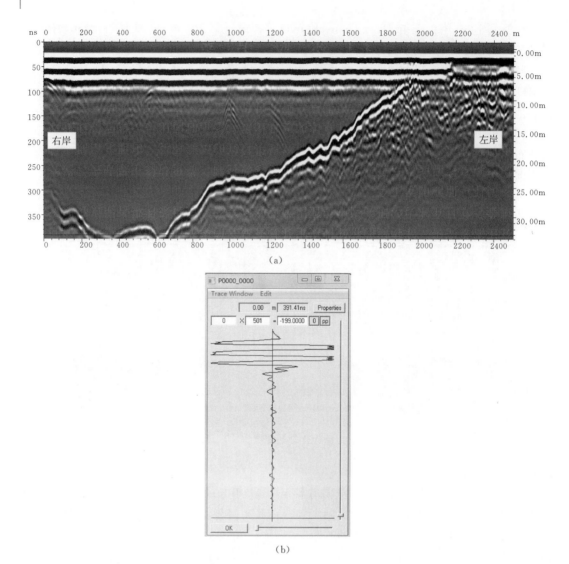

图 2-23 50MHz 天线雷达图像 (a) 时域信号 (b)（2017 年 3 月 7 日）

近 0℃左右，垂直结构冰温区分越模糊。

冰温在冰力学中主要控制着冰体承载力及冰体强度，目前关于淡水冰的单轴压缩试验，三轴压缩试验，冰上简支梁试验及淡水冰弯曲试验均需要考虑冰温对试验结果的影响。通过嫩江（齐齐哈尔段）岸冰的原型冰温场发展过程可以为今后的数值模拟及模型试验提供参考与帮助。

河流冰盖下的水温对其上层覆冰的热通量和生消有着重要的影响。图 2-24（b）给出了 2016 年 12 月 6 日至 2017 年 3 月 10 日嫩江河冰冰下水体温度季节变化。结果显示，冰层下河水温度分布在 0～0.6℃，与以往研究结果河冰冰层下水体温度在 0～0.025℃相比，河水温度相对较高。2017 年 2 月 1 日前，冰层下河水温度存在分层现象，其中冷水层和暖水层间隔分布。距原始冰面约 40～75cm、90～130cm 和 170cm 深度以下为暖水层，水温分布在 0.2～0.6℃；120～130cm 水体温度恒定在 0.25℃左右，整个冰期温度波动相对较

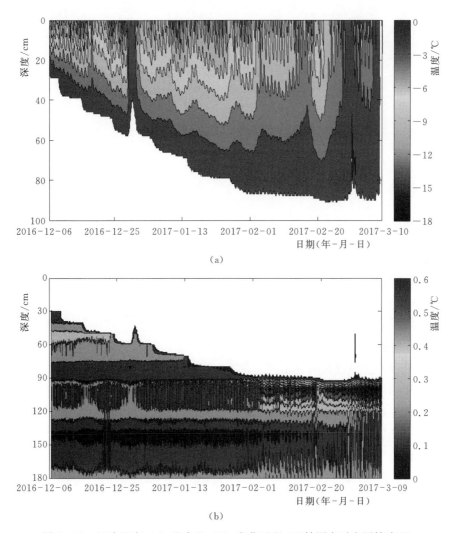

图 2-24 河冰温度（a）和水温（b）变化过程（Y轴原点对应原始冰面）

小；距原始冰面约 30~40cm、75~90cm 和 130~170cm 深度区间为冷水层，水温分布在 0~0.2℃。进入融化期，随着上层冰温升高和太阳辐射增强，冰层下水体温度整体升高，水温的分层现象也逐渐消失。

不同深度冰层温度对气温波动响应程度存在规律性差异。其中，表层冰温对气温的响应最显著，随着垂直深度增加，冰温对气温响应程度逐渐减弱。不同深度冰温波动相对于气温变化存在滞后现象，选取三个时期分析冰温与气温的相关性与滞后规律，分别为初始冻结期、快速冻结期和稳定期，每个时期选取 30 天。如图 2-25（a）所示，初冰期表层冰温相对气温滞后 1.34h，相关系数为 0.486；到 30cm 处冰温相对气温滞后 7.22h，相关系数为 0.175。图 2-25（b）和图 2-25（c）分别给出了快速生长期和冰层稳定期冰温相对气温滞后时间及相关系数变化规律。快速生长期和冰层稳定期表层冰温相对气温滞后约 2h，相关系数分别为 0.882 与 0.843，随着深度的增加冰温相对气温滞后时间逐渐增加，而相关系数逐渐减小。50cm 深度处冰温相对气温滞后约 16h。

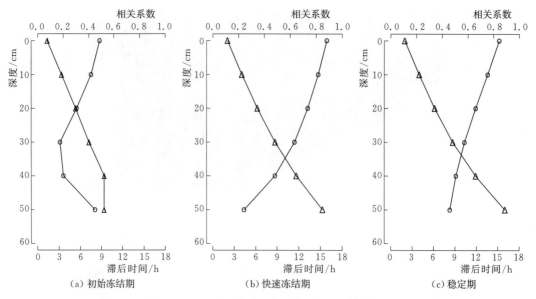

图 2-25　不同深度冰温相对气温滞后时间关系

2.4.4　热传导通量

冰内热传导是冰生消过程的原生动力，冰内各层热传导方向决定着冰内热收支平衡关系。而冰下水体热传导受到冰层和河底淤泥温度场的影响，在冰生消过程的研究中需要考虑下层水体热传导规律。冰内热传导通量（F_{ci}）和水内热传导通量（F_{cw}）可由相应的热传导系数和温度梯度计算得到

$$F_{ci}=k_i\frac{\partial T_i}{\partial z_i} \tag{2-9}$$

$$F_{cw}=k_w\frac{\partial T_j}{\partial z_j} \tag{2-10}$$

$$k_i=1.16(1.91-8.66\times10^{-3}T+2.97\times10^{-5}T^2) \tag{2-11}$$

式中：k_i 为纯冰热传导系数，是与冰温度有关的函数；k_w 为水的热传导系数，根据已有研究结果取常数 $0.57\ W/(m\cdot K)$；$\partial T_i/\partial z_i$ 和 $\partial T_j/\partial z_j$ 分别为冰内和水内温度梯度，℃/m；T 为冰内温度，℃。约定热通量向上为正，向下为负。

图 2-26（a）给出了 10～20cm、20～30cm、30～40cm 和 40～50cm 深度区间冰内热传导通量随时间变化规律。由图可知，随着冰期的延续每层热传导通量呈现逐渐减小趋势，其物理本质是冰厚的增加使得冰内热量的传输距离加大，当气温驱动条件变化不足以弥补冰厚增加引起的冰层温度梯度减小是热传导通量随时间减小的根本原因。以 30～40cm 深度区间冰内热传导通量为例，2016 年 12 月 15 日冰厚达到 40cm 时开始计算该层冰热传导通量，当日计算得到的热传导通量最大值为 72.7W/m²，而随着冰厚的增大，30～40cm 深度区间冰内热传导通量逐渐减小。这是由于冰厚冻结达到 40cm 时，冰水界面温度接近 0℃，此时 30～40cm 区间的温度梯度最大，而随着冰厚的增加，该层冰内能量通过热传递逐渐释放，温度梯度逐渐减小，从而引起热传导通量逐渐减小。河冰封冻后与

岸坡冻结形成稳定冰层，当水位下降时，冰层悬空并在自身重力作用下变形下陷；水位上升时，受到河冰与岸坡的冻结约束，河水在岸边薄弱环节或者冰裂缝处发生冰上漫水现象。在 2016 年 12 月 28 日水位上升过程中，观测点发生冰上漫水，由于上边界条件的改变，导致河冰热传导通量快速减小，特别是在 10～20cm 深度区间发生热传导通量逆转，负的热传导通量表明冰上覆水对冰层起到"加热"作用。经过 3 天冻结，上层覆水冻结形成厚 8cm 叠加冰，同时各层热传导通量逐渐回归原有长期变化趋势。

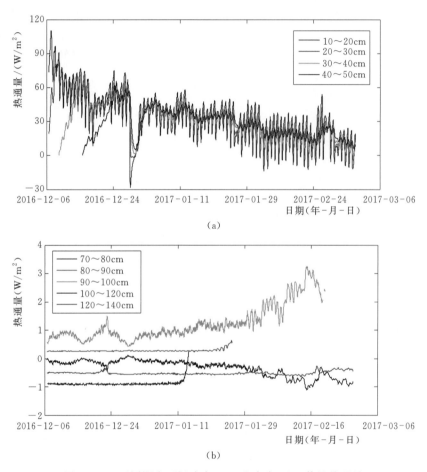

(a)

(b)

图 2-26 不同深度区间冰内（a）和水中（b）传导热通量

冰表面直接与空气接触同时风的作用加快了热交换过程使得靠近冰盖表面的冰层热通量波动较大，远离冰盖表面的冰层波动较小。春季气温变暖，10～20cm 的冰层热通量出现负值，说明热传递的方向变为垂直向下。20～30cm 的冰层热通量逐渐减小，却未变为负值，说明热传递方向仍是从底层向上层传递，此时 10～30cm 冰层出现了两端热通量向中间传递的现象。在冰盖未完全消融以前，气温会持续大于冰温，垂直结构冰层热通量的传递方向会变为垂直向下，使得冰层吸收热量逐渐融化。

图 2-26（b）给出了 70～80cm、80～90cm、90～100cm、100～120cm 和 120～140cm 深度区间水内传导热通量随时间变化规律。水层热通量数值依次呈现"负-正-正-

负-负"垂直结构变化规律。根据 70～80cm 和 80～90cm 两个水层热传导通量方向相反，表明 80cm 深度附近为冷水层，从图 2-26（b）也可验证在 75～90cm 深度区间温度明显低于上下水层。90～100cm 深度区间传导热通量最为剧烈，这是由于在 100cm 深度附近为暖水层，相对 90cm 深度水层温度梯度较大，其能量向上层水传递的驱动力强劲。100～120cm 和 120～140cm 深度区间水内热传导通量长期处于负值，表明 100cm 深度附近的暖水层长期对下层水体有传热平衡作用。冰下流场不同于开放水域，其上层自由面消失，冰层使水流阻力产生第二个边界层，改变了流场结构和湍流形式。由于河流断面粗糙度的增加，冰盖下的速度剖面特征为抛物线形，最大流速向水层中心移动。冰下水动力的存在使得河冰下层水体温度并不像静止湖水一样呈明显垂直结构分布，这也使得河冰下水体热传递方向相对复杂。

3 嫩江岸冰生消过程实验室模拟

模型试验是解决工程及自然问题的有效方法，原型试验往往试验条件艰苦，研究内容复杂，同时会受到地理环境的制约。模型试验既可以作为原型试验的补充，也可以的作为原型试验的预试验，同时可以与原型试验对研究结果进行相互验证。模型试验的重点在于：①模型比尺的理论分析；②试验设备的准备与制作；③试验中相关参数的控制。相对于原型试验，目前关于研究问题的模型试验较少，好多模型试验正处于初步探究阶段，理论推导与结论论证均需要逐步完善。

由于冰层的热力学交换过程与物理力学过程会引发许多自然及工程问题，如冰上交通，冰块爬坡破坏岸坡，冰体膨胀挤压损害水工建筑物。相对于其他学科，我国关于冰力学的研究还需要完善。冰物质的特殊性决定其具有显著的季节性，无法全年对冰情问题开展原型试验，并且在冰力学研究当中往往因为试验区复杂，试验条件艰苦导致获取资料失败、设备损坏、监测因素不全。

利用实验室控温能力与野外实测资料通过多参数控制，简化与修正等方式，探究模拟方法，重现野外冰盖生消过程可以为静冰研究提供较好的试验环境。由理论相似比尺进行预试验引入实验室比尺的概念，并计算冰冻度日比尺，修正时间比尺，最后得到野外过程在实验室比尺参数下的生消曲线。根据符合野外过程的试验过程进行静冰热力学及物理力学的重复研究。

3.1 实 验 方 案

本试验在东北农业大学水利与土木工程学院低温环境模拟实验室中进行，低温环境模拟实验室内置模型实验池，模型实验池的水槽内部尺寸为（长×宽×高）4m×4m×1.2m。实验室的外部配有外接空压机进行升温以及降温。模型实验池四周封闭，内壁光滑，实验室顶板的制冷和加热采用顶排风翅管式冷凝器和电加热方式，实验室上方制冷扇片位于水槽正上方，冷空气由上方向下部水槽传递，底板利用循环热交换方式控制底部水温，并设置了外接连通器以及阀门可以对水位进行准确控制，可分别实现单向、双向冻结的环境条件。实验室控制面板可以输入线性控温曲线（图3-1），最多可进行5段连续温度控制，不支持短暂瞬时波动性温

图3-1 低温实验室控制面板

度变化，环境温度可在 30～－40℃精确自动控制，精度为±0.5℃。数控面板可随时对水温以及实验室气温进行实时监测。

选取碘钨灯作为类太阳辐射光源以达到传递辐射热的效果，对比 0.5m、1m 与 1.5m 三个照射高度以及 500W、1000W 两个功率的碘钨灯，分析辐射热强度与光照面积，结合试验室空间，发现功率 1000W 相较于 500W 的传热效果更好。根据光照辐射面积的对比，最终设置光照高度为 1m，辐射热量图如图 3－2 所示。功率 1000W 碘钨灯虽然在横纵位置 90cm 以外辐射热要小于 0.1MJ/(m² · h)，但整体辐射面积较均匀，比较符合试验要求。

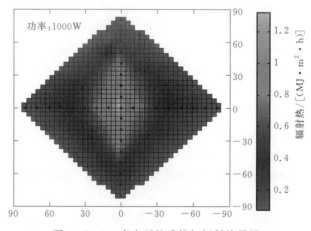

图 3－2　1m 高度下的碘钨灯辐射热量图

利用低温实验室进行静冰模拟嫩江（齐齐哈尔段）岸冰生消过程。蓄水槽中蓄水深度 80cm，把蓄水槽左右平均划分为 A、B 两区（图 3－3），为后期有无光照试验作对比，其中 A 区为试验全过程无光照，B 区为试验冰盖生长后期补偿间接性光照。在 A、B 区分别布置垂直于底板的木条，用来镶嵌测温传感器监测试验过程中的冰水温度场。使用型号为 Campbell CR1000 数据采集仪与中国科学院寒区旱区环境与工程研究所冻土国家重点实验室生产的热敏电阻温度探头（精度可达 0.05℃），采集气温、冰温和水温，采集频率为 1 次/min，温度探头布置如图 3－4 所示。

在 B 试验区距水面 80cm 布置 6 盏碘钨灯，碘钨灯具有耐低温，体积小，亮度强，辐射热量大的特点。碘钨灯单灯功率为 1kW，光辐射能力较强，依靠碘钨灯架使其主要照射面积约为 1.2m²。通过试验中观察冰面消融现象与冰厚增长过程判断碘钨灯的适用性。通过手动间接性开关碘钨灯以达到模拟太阳光照的目的。图 3－5 为温度链和碘钨灯在实验水槽内的布置示意图。

试验过程中冷凝管处形成的霜花会飘落覆盖冰面，实验过程中通过人为清扫消除冰面覆盖霜花对生消的影响。试验前需控制室内温度为 1～2℃恒定 24h 对水体进行整体放热，使水体符合野外成冰前的水温环境。当试验过程中冰层形成后，先用切冰片配合游标卡尺测量冰厚，待冰厚超过 5mm 后通过人为钻孔测冰厚，试验过程中采集频率为 1 次/h，每次测量 3 处取平均值，每 6h 切割冰块并取出测量冰厚对钻孔冰厚进行校正。实验中后期，需对 A、B 区分开记录冰厚，记录方式与频率相同。

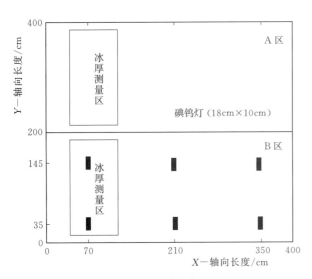

图 3-3 试验布置图

图 3-4 温度探头布置示意图

图 3-5 温度链和碘钨灯布置示意图

3.2 嫩江岸冰生消过程实验室模拟

3.2.1 室内模拟相似比尺

　　冰盖形成的最简单热力学模型可由一维热传导方程描述，设冰的比热为 C，密度为 ρ，热传导系数为 K，取冰表面一点处为坐标原点 O，过原点 O 垂直向下为坐标轴 X 的正向。$T(x,t)$ 表示 t 时刻 x 处的温度，冰水交界面为 $x=S(t)$，由一维热传导方程和一维单相 Stefan 问题可得

　　冰域方程：

$$\frac{\partial T}{\partial t} = \alpha \frac{\partial^2 T}{\partial x^2} \quad \alpha = \frac{K}{C\rho} \quad [\, 0 < x < S(t) \quad t > 0 \,] \tag{3-1}$$

冰面温度：

$$T(0,t) = T(t) \quad (t \geqslant 0) \tag{3-2}$$

冰水界面条件：

$$\frac{\partial T}{\partial X} - Q = \lambda \frac{\mathrm{d}s}{\mathrm{d}t} \quad \lambda = \frac{L\rho}{K} \quad Q = \frac{q}{K} \quad [\, x = S(t) \quad t \geqslant 0 \,] \tag{3-3}$$

初始冰厚：

$$S(0) = S_O \quad T[S(t),t] = 0 \tag{3-4}$$

式中：t 为时间；$S(t)$ 为冰厚；C 为淡水冰的比热，$\mathrm{J/(kg \cdot ℃)}$；ρ 为密度，$\mathrm{kg/m^3}$；K 为热传导系数，$\mathrm{W/(m \cdot ℃)}$；L 为单位质量冰的溶解潜热，$\mathrm{J/kg}$；q 为水向冰传递的热流量。

对于单层平整冰的厚度，Stefan 提出了一个经典的近似假设。假定冰的表面温度与大气温度相等，并通过此假设建立了冰厚计算公式。仅考虑冰层下界面热量平衡。其数学描述为

$$\lambda \frac{\mathrm{d}\theta}{\mathrm{d}h} = L\rho \frac{\mathrm{d}h}{\mathrm{d}t} \quad (0 < h(t) < h \quad h(0) = 0) \tag{3-5}$$

利用冰体内瞬时温度线形分布假定及潜热 L、密度 ρ 和导热系数 λ 均为常数的假定，得到近似解为

$$h = \sqrt{\frac{2\lambda}{L\rho} \int_0^l [\theta_i - \theta_a(t)] \mathrm{d}t} \tag{3-6}$$

式中：h 为结冰厚度；$\theta_a(t)$ 为气温；θ_i 为结冰温度；λ 为导热系数；L 为冰的潜热；ρ 为冰的密度。

中 $\int_0^l [\theta_i - \theta_a(t)] \mathrm{d}t$ 为冬季低于 θ_i 的日平均冰面温度的总和，称为冻结指数。在冰学科中称为冰冻度日，并用 FDD 表示，式（3-6）简化为

$$h = \alpha \sqrt{FDD} \tag{3-7}$$

应用积分类比法可得到成冰过程的冰冻度日相似判据为

$$C_I = (C_l / C_a)^2 \tag{3-8}$$

式中：C_I 为冰冻度日比尺；C_l 为实验几何比尺；C_a 为试验系数比尺。

参照冻土模型相似试验的比尺准则，最终推导出冰冻度日比尺（C_I）与温度比尺（C_T）和实验几何比尺（C_l）之间的关系如下：

$$C_I = \frac{FDD}{C_l^2 K^2} \quad C_I = \frac{FDD}{C_T K^2} \tag{3-9}$$

理论时间比尺与几何比尺具有平方的关系。

室内试验推导的相似比尺为绝对理论值，受试验环境与试验方案的变化，需要对某些比尺进行适当的修正。根据静冰室内模拟试验的试验目的应优先选定几何比尺，即为目标极限冰厚。其次通过累积负温量确定冰冻度日比尺。最后通过试验与验证得到时间比尺与实验室修正系数。

3.2.2 控温过程曲线

低温实验室内模拟河冰生消过程，其控温曲线依据 2016—2017 年嫩江齐齐哈尔段实测

气温数据和河冰生消过程为基础。野外观测发现，冬季当气温低于 0℃时，水面发生失热现象，但不会马上形成冰盖。会经历散点冰花，大面积冰花，最后形成稳定冰层。在 2016 年 10 月 19 日气温开始低于 0℃，而在 2016 年 11 月 10 日才形成稳封冰盖。水体在成冰前具有冷却的过程，根据低温试验室控温能力，需简化野外的温变曲线，以日均温度为基础，以初始负温日期作为起点，以 2017 年 4 月 10 日开河日期为终点。控温过程曲线如图3-6所示。

图 3-6　控温过程曲线

使用图 3-6 控温曲线控温相较于野外过程会更早形成冰面封冻，忽视了低温对水体的过冷却过程，通过第 1 次和第 2 次模拟实验发现此控温过程随着满足绝对时间比尺后的累积负温量相同，但冰厚生消过程与野外不符。对控温程序进行改进，以 2016 年 11 月 10 日为温控起点，2017 年 3 月 9 日为温控终点。改进后的控温过程曲线如图3-7所示。

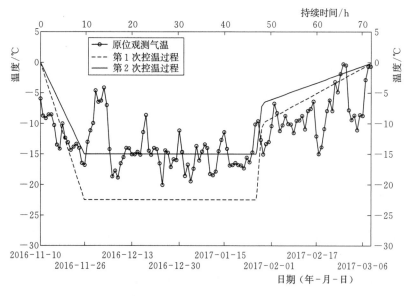

图 3-7　改进后的控温过程曲线

改进后的控温曲线控温相较于野外过程会较晚形成冰面封冻，需在开启温控程序前先用−2℃进行过冷处理，待形成稳定冰面后再开启控温程序。第3次模拟实验为此控温程序在绝对时间比尺下的试验，冰厚未到预期值，通过累积负温与冰厚生长曲线拟合得出实验室比尺修正后的累积负温量，根据真实累积负温量设计时间比尺。第4次和第5次模拟实验此控温过程随着满足比尺的累积负温量相同后，冰厚生消过程在光照条件下与野外较为接近。试验证明，加大温度比尺可以缩短试验时间。根据野外监测温度设计合理温控曲线可以更好地得到冰厚生消过程。

原型试验中冬季气温呈现先减小，后稳定，再升高的现象。所以根据原型气温变化过程，在遵从冻结期累积负温相同的原则下，将环境温度变化分为五个阶段。原型试验中的累积负温为整个控温过程以2016年11月10日作为温控起点，对应野外环境为形成稳定冰面，以2017年4月10日作为温控终点，对应野外环境为江面流冰。引入温度比尺（1.5∶1）可以缩短达到预期累积负温的试验历时。设计室内控温曲线将遵循以下原则：

（1）对野外日气温变化曲线进行简化，令简化后的冰冻度日总和与野外实际冰冻度日总和接近1∶1。

（2）冬季野外气温将发生先降低，在维持在一定程度上下波动，后发生升高的过程。简化曲线应同样遵循此变化过程。

室内温度设计曲线最终为：①降温阶段，对应2016年11月10—26日，由0℃降至−15℃；②恒温阶段，对应2016年11月26日至2017年1月26日，气温保持在−15℃；③快速回温阶段，对应2017年1月26—29日，气温由−15℃升至−6℃；④缓慢回温阶段，对应2017年1月29日—3月9日；⑤升温阶段，对应2017年3月9日—4月10日。

通过控温曲线进行试验更符合野外气温变换过程，受低温实验室控温精度影响，升温与降温阶段室内温度控制基本无误差，恒温阶段室内环境会有0.5℃的误差，但此影响对整体累积负温的干扰较小。

3.2.3　试验室修正系数

由模型试验相似比尺关系发现需要获得经验参数C_a达到模拟冰厚生消过程的目的。基于此，在模拟野外光照环境的条件下先对实验室修正系数进行确定，为确保C_a的准确性，预试验的光照时间与正式试验的光照时间保持一致。

目前关于冰情室内模拟的研究多采用恒温方式，忽略了气温随季节的变化过程。冬季野外太阳辐射强度具有明显的季节性，整体呈现先减小后增加的趋势。本研究中根据野外太阳辐射变化过程发现日累积总辐射强度波动性较大，无法清晰得到演变过程。对其进行滑移平均（5天），发现太阳累积总辐射强度呈显著的线性增长，决定系数$R^2=0.952$，如图3-8所示。12月下旬的日累积太阳总辐射强度仅为5MJ/m²左右，而达到次年4月中旬时日累积太阳总辐射强度升高为20MJ/m²左右。太阳总辐射强度的波动性变化有一些是因为云遮量的干扰，从整个冰层冻结后期来看，太阳辐射强度具有显著升高的趋势。平均每10天辐射强度要升高1.5MJ/m²。

根据原型太阳辐射冬季变化过程，选择在对应野外日期2017年1月29日开始间接性光照对冰层进行辐射热补偿。试验控灯模式（光照辐射时间）为固定停光间隔，逐渐增加光照时间以达到增加辐射热强度的目的，根据光照补偿系统可以初步达到模拟光热辐射的目的。

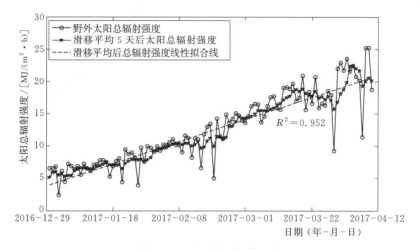

图 3-8 原型太阳辐射强度

原型太阳辐射对冰层的作用主要为其热力学方面，但目前少有关于太阳辐射对冰层热力学作用的详细研究。本研究依据试验方案中的灯源及灯控时间得到冰层表面受到的累积辐射分布如图 3-9 所示，6 盏碘钨灯照射 $8m^2$ 区域的平均辐射强度为 $0.01358MJ/(cm^2 \cdot h)$ 累积光照时间为：1275min，平均累积总辐射强度为 $17.21MJ/(m^2 \cdot h)$。因热量分配无法绝对保持均匀，本研究主要选择在辐射热强度 $1.2MJ/(m^2 \cdot h)$ 的地方进行冰厚采集，在未来的研究中将定制高精度灯照仪器完善试验方法。

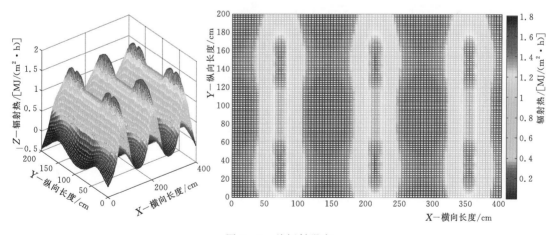

图 3-9 总辐射强度

根据实验室修正系数 $C_\alpha = 0.55$，几何比尺 $C_l = 1:9$，温度比尺 $C_T = 1.5:1$，算得时间比尺 $C_t = 1:37.5$。在时间比尺为 $C_t = 1:37.5$ 条件下进行重复试验，保持控制光照历时总时长为 1275min，平均累积总辐射为 $17.21MJ/(m^2 \cdot h)$。得到试验 1 与试验 2 冰厚生消过程如图 3-10 所示。采用相同控温程序与光照模式所得冰厚生长曲线相似，具有良好的可重复性。

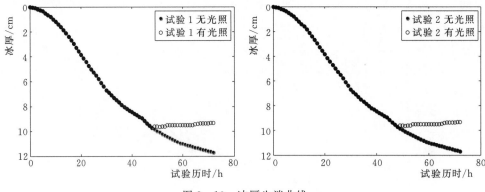

图 3-10 冰厚生消曲线

有光照冰层生长到一定厚度后趋于稳定，而无光照冰层在负温环境下一直保持冰厚生长直至气温回至正温。受光照作用的冰层生长过程更符合野外冰厚生长趋势。通过两次试验得到冰厚与冰冻度日的关系曲线，如图 3-11 所示。

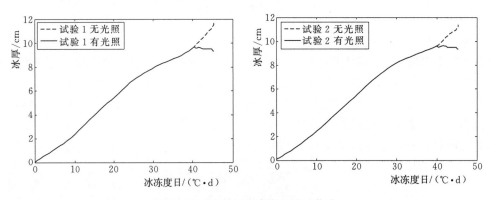

图 3-11 冰厚与冰冻度日关系曲线

利用简化冰冻度日法对试验 1 与试验 2 中累积负温与冰厚生长过程进行拟合。

试验 1：

$$h_{无光} = 1.98\sqrt{FDD}\;;\; h_{有光} = 1.74\sqrt{FDD} \tag{3-10}$$

试验 2：

$$h_{无光} = 1.96\sqrt{FDD}\;;\; h_{有光} = 1.75\sqrt{FDD} \tag{3-11}$$

由式（3-7）和式（3-8）对照野外试验计算实验室修正系数为

$$C_{a1} = 0.545\;;\; C_{a2} = 0.547 \tag{3-12}$$

由式（3-10）～式（3-12）和 $C_a = 0.55$ 进行重复试验，试验所得实验室修正系数与设计实验室修正系数基本吻合。在无光照试验中冰厚增长系数 α 值（1.96～1.98）要高于有光照试验下的 α 值（1.74～1.75）。

冰厚生消过程曲线可以判断室内模拟野外冰情的可行性，依据几何比尺与时间比尺，通过有无光照补偿与原型试验对比冰层生消过程曲线如图 3-12 所示。在无光照的 A 区，仅受气温作用缓慢消融，而在有光照的 B 区，明显消融速度要大于无光照区。在合理的光照补偿后，冰层消融初始阶段趋势同野外原型试验趋势相同，达到预期室内模拟效果。

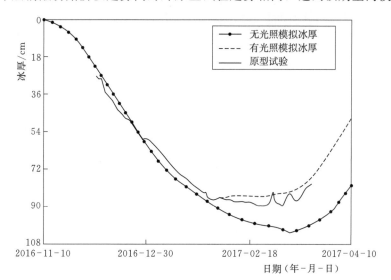

图 3-12　模拟冰厚与原型冰厚生消过程曲线

3.2.4　室内模拟冰生消过程

　　静冰室内模拟试验可以弥补野外试验的不可重复性。冰盖生消过程是冰情研究中的重要过程，冰厚的变化影响着冰上冷空气对冰下水体的热传递同时影响着冰上承载力。通过原型试验发现气温是影响冰盖生消的关键因素，太阳辐射是影响冰盖消融的关键因素。

　　国内外关于冰盖生消演变的研究多侧重于生长阶段，因为此阶段的太阳强度较低，对冰盖的作用程度相对较小。冰盖消融阶段受气温回升与太阳辐射强度增加的双因素影响，监测条件较复杂。

　　控温过程探究不同初始水温条件下冰层增长过程，此时的时间比尺为理论时间比尺。第 1 次模拟实验初始水温为 3℃，第 1 次模拟实验初始水温为 1℃。两次模拟实验冰厚生消过程曲线如图 3-13 所示。由图可知，较低的初始水温更容易较早的发生结冰现象。在

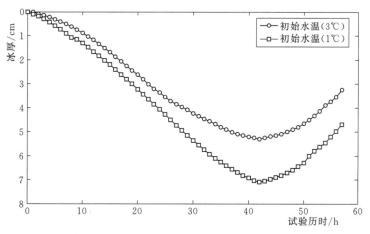

图 3-13　第 1 次和第 2 次模拟实验冰厚生消过程曲线

相同控温程序下，较低初始水温产生的极限冰厚要大于较高水温产生的极限冰厚。根据嫩江（齐齐哈尔段）岸冰地域所处气候环境应当控制初始水温较低。

根据野外实测冰厚生长过程，需要在冰厚后期加入模拟光源照射才能达到冰厚平缓阶段。使用改进后的控温曲线控温，引入温度比尺更容易达到试验目的。第 3 次模拟实验采用绝对时间比尺设计试验历时，结果极限冰厚未达到预期厚度，通过幂函数拟合改进试验方案。加入光照的第 4 次模拟实验与第 5 次模拟实验的冰厚生消曲线如图 3-14 和图 3-15 所示。

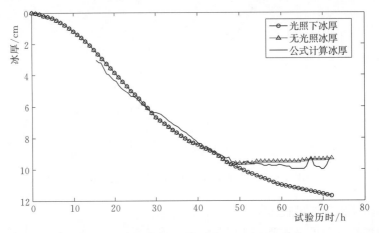

图 3-14　第 4 次模拟实验冰厚生消过程曲线

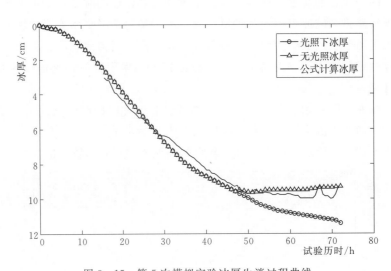

图 3-15　第 5 次模拟实验冰厚生消过程曲线

在有灯照的情况下冰厚趋于稳定，更符合野外实际情况。原型试验比尺后的冰厚生长过程是根据实际时间比尺与几何比尺计算的。为了避免试验的偶然性，重复第 4 次模拟实验的方案得到第 5 次模拟实验冰厚生消过程曲线。第 5 次模拟实验冰厚生消过程与第 4 次有相近的试验结果，跟野外过程对比发现整体生长过程相似，野外冰厚的波动性变化源于相近日期的气温波动与昼夜温差变化，目前实验室模拟尚不能完全做到模拟野外温度场变化的过程，但已经能够比恒定控温方式更好的模拟冬季过程。

3.3 静冰热交换模型试验及相关影响因素分析

冬季气温大体分快速降温期、低温波动期、快速升温期及缓慢升温期，并且1月开始太阳辐射强度逐渐增加。基于此，试验控温设计曲线如图3-16所示，分为快速降温阶段、低温恒定阶段（近似模拟低温波动阶段）、快速升温阶段及缓慢升温并伴随光照阶段（黑色粗线段）。温度控制区间介于-20~0℃。

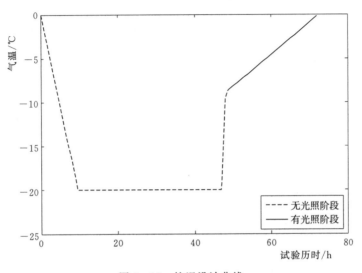

图3-16 控温设计曲线

试验时首先控制低温实验室环境温度2℃，并保持48h使水体整体降温接近野外冰层出现前的水温环境，然后控制低温实验室环境温度-2℃（30min）进行预降温，如图3-17所示，当0~20cm深度水温趋于线性时开始进行试验。

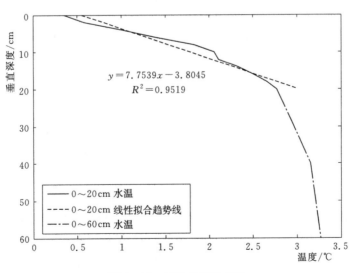

图3-17 试验前初始水温

3.3.1 模型试验垂直冰（水）温度场

当气温低于0℃时，持续的负气温使水体表面失热，水温到达冰点并发生水体成冰现象。室内试验中水体静止且处于无风环境，冰晶迅速聚积形成稳定冰面，演变成气—冰—水三者之间的热交换。当冰面形成后气温透过冰层作用于水体，使冰水交界面逐渐冻结并下移。如图3-18所示，随着冰层的增加，冰温逐渐升高，直到临近冰水交界面接近0℃，整体呈逆温分布；在试验历时30～40h之间发生短暂冰温升高过程（源于气温突然升高，试验室进行除霜过程），越靠近冰—气交界面的冰层，温变波动越大，越靠近冰—水交界面的冰层，温变波动越小；在气温缓慢回升并伴随光照阶段，发现冰温响应光照变化情况显著，要大于冰温响应气温变化情况。光源控制下，冰温瞬间响应光源热辐射，不同深度冰层基本同时响应光源变化。

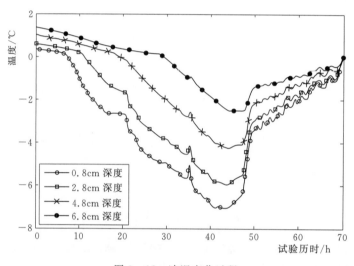

图3-18 冰温变化过程

如图3-19所示，冰层逐渐覆霜后，冰层仍然存在逆温分布，但在瞬时清理冰面达到光滑冰面时整体冰温场发生整体降低的现象。越靠近冰—气交界面的冰层降温程度越显著，而临近冰—水交界面的冰层降温程度最不显著。试验过程中积雪（覆霜）持续降落至冰面并逐渐累积，由冰温变化曲线可知，随着冰面积聚霜花，气—冰两者之间的热交换水平逐渐降低，冰温降低速率明显减少。在试验时间34h时进行人工清扫冰面，在冰面处理保持气—冰交界面光滑后，整体垂直结构的冰温在短时间内发生快速降低现象，说明冰面环境对冰温的影响程度不可忽略。第三阶段为间接辐射灯照射过程，当光源传递给冰层辐射热时垂直界结构不同深度冰层的冰温会发生快速升高的现象，且冰厚越小，冰温升高程度越剧烈。

如图3-20中所示，在负气温控制下，越临近冰水交界面的水层温度越低，越远离冰水交界面的水层温度越高；垂直深度0.8～18.8cm的水层温度整体减小，并在温度变化后期维持在0～0.5℃；在试验历时42h时，垂直深度8.8cm处测温探头监测为负温，而10.8cm处测温探头监测为正温，无法判别试验历时42～70h过程中8.8～10.8cm处的冰水转变过程。

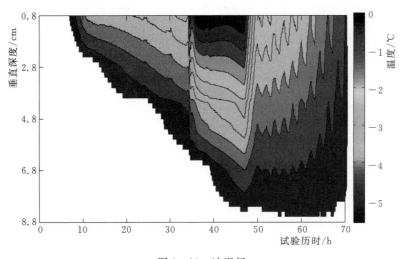

图 3-19　冰温场

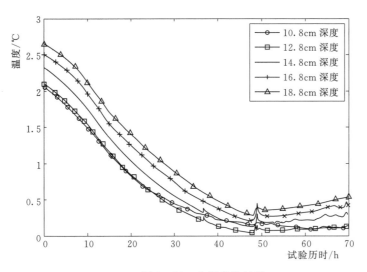

图 3-20　水温变化过程

　　针对冰层温度响应气温变化的滞后性及两者之间的相关关系进行进一步探究,研究方法与第二章相同,不做详述,得到冰层滞后程度及相关系数分别如图 3-21 和图 3-22 所示。0.8cm 深度的冰层响应气温变化的滞后时间小于 1min,而 8.8cm 深度的冰层响应气温变化的滞后时间为 15min,随着冰层厚度的增加,冰盖的阻隔性逐渐增大,滞后时间随着增加。

　　如图 3-22 所示,在试验控温的四个阶段中,冰水温度变化与气温变化的下相关系数较好,仅于恒温阶段相关系数较低。恒温阶段相关系数较低的主要原因为此阶段的气温设计模式为恒温,实际运行为以 0.5℃为误差的波动性控温,而线性降温与升温阶段近似无误差。

　　深层水温响应气温的变化情况同样会对水生态产生巨大影响,对深层水温进行分析,

45

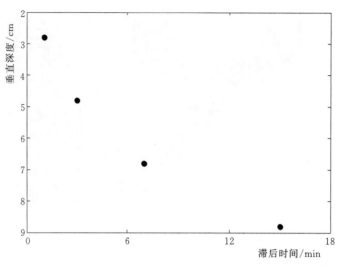

图 3 - 21 冰层响应气温变化的滞后时间

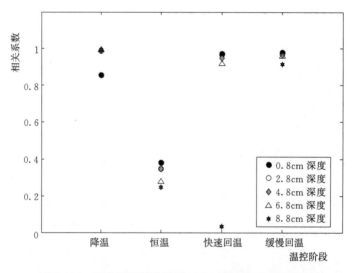

图 3 - 22 四个温控阶段下冰（水）温与气温的相关系数

得到深层水温变化过程如图 3 - 23 所示。深水层响应气温变化具有先减小后趋于稳定的趋势，接近冰水混合面的水层降温幅度越大，远离冰水混合面的水层降温幅度较小。冰盖有效阻隔气—冰两者之间的热交换水平，从水温场发现在冰厚较薄时，负气温会对 60cm 深度水体产生降温作用，当冰厚逐渐增加后，随着气温的变化，60cm 深度水体基本温度不变。20cm 深度的水体在试验后期气温回升也随着回升，响应程度要高于 40cm 与 60cm 深度的水体。未来应该进一步探究深层水体与气温的相关关系。

3.3.2 模型试验冰（水）热通量

室内模型试验可以更全面得控制水质情况、水流条件以及热交换能力。通过修改试验方案可以逐渐分析各参数对热通量的控制能力。与原型试验近似，模型试验中的热通量同样具有大小的方向。

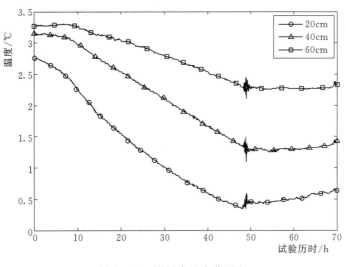

图 3-23 深层水温变化过程

根据第 3 章关于冰水热通量的计算方法对模型试验进行分析。得到了本研究中的冰内热通量变化情况如图 3-24 所示。在试验中冰层热通量介于 $0\sim210\mathrm{W/m^2}$，要大于原型试验得到的冰层热通量，主要因为控温较低，冰面热交换环境较好。热通量最高为 2.8~4.8cm 之间的冰层，在气温恒定 $-18\,℃$时处于最大；4.8~8.8cm 处的冰层热通量接近相同，为 $0\sim100\mathrm{W/m^2}$；冰层热通量响应气温变化波动显著；在冻结期冰层热通量传递方向并未发生改变；在间接光照下冰层热通量发生波动性减小的趋势，光照在一定程度上干扰了冰层热传递。需要注意的是，室内研究中 2.8~4.8cm 处的冰内热通量要高于 0.8~2.8cm 处与 4.8~6.8cm 处，可能受升温速率影响，也可能受冰层中晶体结构影响，导致此现象的原因还需要未来进一步研究。

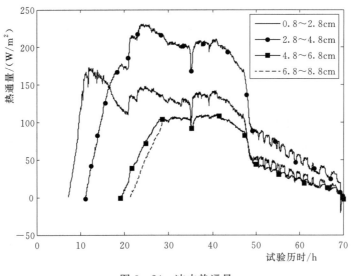

图 3-24 冰内热通量

47

模型试验过程中的水内热通量如图 3-25 所示。0.8~8.8cm 的水层热通量介于 0~15W/m² 之间，且水层热通量发生先减小，再突然增加再减小的趋势；气温越低的时段，相应时刻的浅水层热通量波动越大，下降速度越快。由水转冰过程中的热通量变化趋势与野外一致。

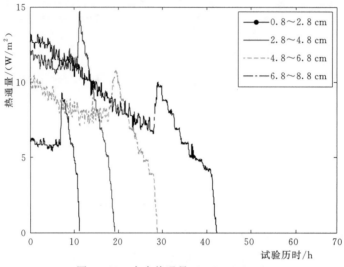

图 3-25 水内热通量（0.8~8.8cm）

气温变化对深水层的干扰较小，对较深水内的热通量变化进行分析，如图 3-26 所示。10.8~20.8cm 的水层热通量仅为 0~6.5W/m²，且相邻水层的热通量大小相近，波动较小；10.8~12.8cm 处的水层临近冰水交界面，在试验中期热通量传递方向发生转变，说明此时水体发生失热现象，当失热达到一定程度即出现水体成冰，此过程与原型试验相同；在气温快速降低阶段，相邻水层热通量大小相差较多，当恒定低温阶段，相邻水层热通量大小趋于相同。室内试验中无暖水层存在，主要因为室内环境相较于野外环境简单，而本试验中又未加入类似于野外的温度变化环境。

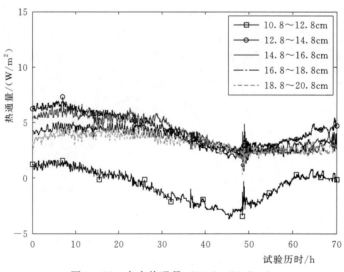

图 3-26 水内热通量（10.8~20.8cm）

如图 3-27 可知，整个试验阶段，0.8～8.8cm 深度的冰层热通量变化情况接近一致，0.8～2.8cm 深度冰层热通量响应气温恒定过程应该趋于恒定，维持在 200W/m²，但由于逐渐累积霜花，霜花对冰-气热交换的阻隔程度逐渐增强，致使 0.8～2.8cm 深度冰层热通量为 140W/m²，而当冰面清理霜花后，0.8～2.8cm 深度冰层热通量迅速上升直到 230W/m²。在气温升高后，垂直不同冰层的热通量均发生逐渐减小的趋势，且随着气温升温速率的大小导致热通量减小速率的快慢相一致。在间隔光照作用于冰面后，冰层热通量主要响应于光照变化，次要响应于气温变化。

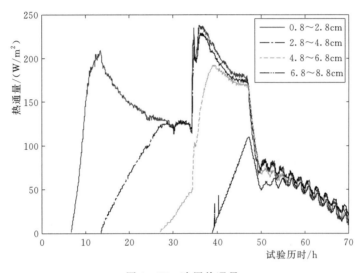

图 3-27　冰层热通量

第二篇

冰上沉排施工关键技术

4 嫩江岸冰工程力学性质

人类在高纬度和高海拔地区生活与生产活动中会遇到与冰有关的工程问题,促使对冰工程力学开展探索和研究。对冰的认识不但要从生消过程把握,还要对冰自身的物理力学性质重点突破,其中冰的力学性质研究意义广泛,一方面冰可以作为一种材料加以利用,如研究冰层厚度以及冰强度可以服务于冬季临时交通,如冰上汽车通行和冰上飞机起降;另一方面,冰作为一种灾害要加以防范,如冰区石油钻井平台、灯塔类建筑需要进行抗冰设计。结构物与冰相互抵抗作用时,只有当结构物的设计强度高于冰的作用力才不至于发生结构物破坏,希望发生的是冰的破碎破坏,而非结构物的破坏。所以,在结构物的设计前详细了解冰的自身力学性质至关重要。

冰的力学性质包括弯曲强度、弹性模量、压缩强度、剪切强度、抗拉强度等。冰的承载力与冰层厚度和自身力学性质有关,其中冰的弯曲强度和弹性模量是重要的力学指标。冰的弯曲强度和弹性模量通过试验得到,其中冰的弯曲试验方法多采取国际水力研究协会(International Association of Hydraulic Research)冰问题分会提出的试验方法建议,多采用悬臂梁方式和简支梁方式。悬臂梁法方式多是室外现场试验,是在现场原有冰层上切割出三个分离边,保证第四条边与原冰层较好的连接,然后对悬臂冰梁加载。其优点是能更好地模拟现场条件,能保证弯曲试样与原冰层断面温度相符。简支梁方式多是室内试验,该方法对试样尺寸有所限制,不能像现场悬臂梁冰样尺寸那般大,但其试验精确度相对现场悬臂梁法要高,且试验易于实现。

为获得嫩江岸冰真实工程力学性质,本书采用原位悬臂梁法对嫩江快速生长期岸冰开展研究,分别获得嫩江岸冰弯曲强度和弹性模量。

4.1 嫩江岸冰弯曲力学性质

现场悬臂梁试验是在天然冰盖上切割出梁的三个边,保持第四个边与冰层连接,形成悬臂梁,然后在梁的自由端施加荷载。对河冰来讲,根部应力集中的影响较为明显,Timco 的试验结果表明,现场悬臂梁法与三点弯曲法得到的河冰弯曲强度值之比为 $1:2$,其原因就是悬臂梁根部应力集中造成的。为了尽量减弱悬臂梁根部应力集中的影响,在悬臂梁根部用 10cm 的麻花钻在冰面打出两个洞,然后沿着圆的切线方向切割出两条平行的线,使悬臂梁根部连接处为圆弧状。

选择在冰面无明显裂纹的地方切割出悬臂梁的试样,梁宽 b 与冰厚 h 之间的比例在 $1\sim2$ 之间,梁长 l 与冰厚 h 的比例在 $7\sim10$ 之间。当冰厚在 $30\sim40$cm 之间时开展原位悬臂梁弯曲试验,因此梁宽 b 切割 40cm 左右,梁长 l 在 350cm 左右,每两根悬臂梁之间的间距约为 10cm。切割悬臂梁试样的同时，组装好加载装置和测力仪器，切割出悬臂梁后尽快完成试验。考虑冰的弯曲破坏形式分为上翘和下弯两种方式，因此，试验的加载方式有上拉和下压两种。由于切割悬臂梁时会带来尺寸上的误差，每次试验过后再对梁的具体尺寸进行测量，试验结束后对破坏后的试样尺寸进行测量。根据弹性理论，矩形截面悬臂梁的弯曲强度和弹性模量分别为

$$\sigma_f = \frac{6PL}{bh^2} \tag{4-1}$$

$$E = \frac{4PL^3}{bh^3\delta} \tag{4-2}$$

式中：P 为悬臂梁破坏时的荷载；δ 为荷载作用点处的挠度；L 为梁长；b 为梁宽；h 为冰厚。

原位悬臂梁弯曲加载装置如图 4-1 所示，当悬臂梁加工好后，固定加载装置，使得压头对准悬臂梁末端；加载前启动采集程序，分别记录加载力和梁端位移，加载至悬臂梁断裂破坏，然后停止采集程序，保存该次采样数据，即完成本次试验，试验结束后对破坏后的试样尺寸进行测量并记录。每个悬臂梁在加载前要详细记录冰梁内裂纹位置和生长方向，气泡位置、数量、大小；悬臂梁破坏后记载冰梁断裂位置和断裂方向。在试验数据分析时通过记录情况可以准确还原试验样本的破坏原因。

图 4-1　原位悬臂梁弯曲加载装置

图 4-2～图 4-10 分别给出了 9 组原位悬臂梁试验冰弯曲应力和梁端挠度时间过程曲线。试验 4 和试验 9 为上拉试验（冰底受拉，冰面受压），其他试验组为下压试验（冰面受拉，冰底受压）。从图 4-2 可以看出起始加载点为力值开始均匀上升的点，悬臂梁断裂时的峰值荷载为 756N（弯曲强度 541kPa）。拉力迅速下降后又产生了一段波动的力，是由于悬臂梁断裂之后，水的浮力造成的。图 4-2（b）中，梁端的位移—时间过程曲线与力—时间过程曲线相对应。从起始加载点到断裂点处的一段位移即为悬臂梁破坏时的挠度。

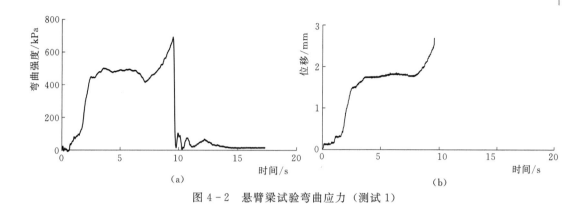

图 4-2　悬臂梁试验弯曲应力（测试 1）

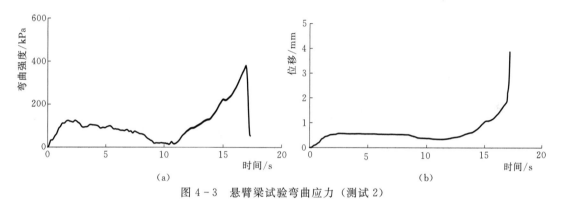

图 4-3　悬臂梁试验弯曲应力（测试 2）

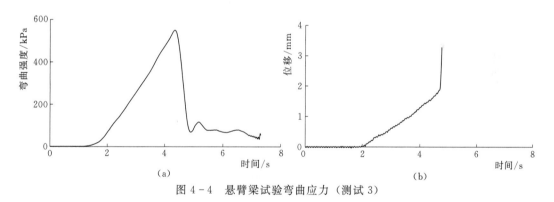

图 4-4　悬臂梁试验弯曲应力（测试 3）

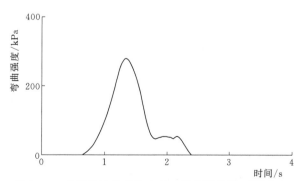

图 4-5　悬臂梁试验弯曲应力时间历程曲线（测试 4）

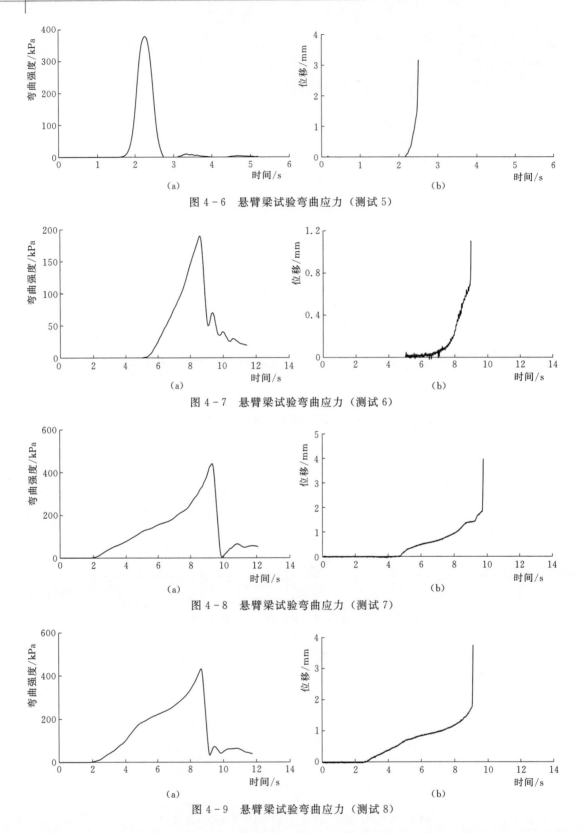

图 4-6　悬臂梁试验弯曲应力（测试 5）

图 4-7　悬臂梁试验弯曲应力（测试 6）

图 4-8　悬臂梁试验弯曲应力（测试 7）

图 4-9　悬臂梁试验弯曲应力（测试 8）

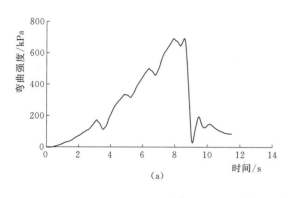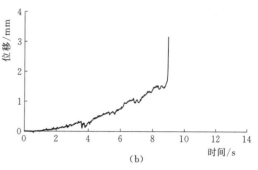

图 4-10　悬臂梁试验弯曲应力（测试 9）

　　表 4-1 给出了 9 组原位悬臂梁试验获得的河冰弯曲强度和弹性模量。试验结果可知，河冰原位悬臂梁上拉试验弯曲强度在 441.8～553.0kPa，弯曲强度平均值为 497.4kPa；河冰原位悬臂梁下压试验弯曲强度在 206.9～696.4kPa，弹性模量在 3.79～7.18GPa，弯曲强度平均值为 495.1kPa，弹性模量平均值为 5.10GPa。可以看出原位悬臂梁上拉和下压两种试验方式得到的河冰弯曲强度平均值无明显差别。

表 4-1　　　　　　　　悬臂梁试验获得的河冰弯曲强度和弹性模量

试样编号	测试 1	测试 2	测试 3	测试 4	测试 5	测试 6	测试 7	测试 8	测试 9
试验日期（月/日）	11/28	11/28	11/28	11/28	11/29	11/29	11/29	11/29	11/29
加载方向	↓	↓	↓	↑	↓	↓	↓	↓	↑
冰厚/cm	26	26	26	25	27	28	29	27	30
切割梁宽/cm	30	33	29	31	32	34	34	33	32
断裂梁长/cm	252	265	270	276	267	269	264	265	270
弯曲强度/kPa	696.4	393.4	624.8	441.8	634.0	206.9	444.7	465.2	533.0
弹性模量/GPa	4.69	3.79	6.26		7.18	5.03	4.15	4.56	5.30

注　↑为上拉试验（冰底受拉，冰面受压），↓为下压试验（冰面受拉，冰底受压）。

4.2　嫩江岸冰单轴压缩力学性质

　　国际水力研究协会（International Association of Hydraulic Research）冰问题分会提出的单轴压缩试样尺寸为直径 7～10cm，长度为直径的 2.5 倍。一般为了降低冰单轴压缩试验端部约束效应，需要增大试样长宽比，长宽比越小端部约束作用越大。首先，根据物理性质分析结果确定河冰单轴压缩试验加工方案，由晶体结构分析可知，河冰上层颗粒冰厚度约为 10cm，下层为柱状冰。加工单轴压缩试样时分加工颗粒冰和柱状冰试样，加工好的单轴压缩力学试样尺寸为 9cm×9cm×18cm。试样共设置 4 个试验温度（-2℃、-5℃、-10℃和-15℃）。

　　河冰力学性质对加载速率敏感。图 4-11 给出了-5℃试验温度下在不同应变速率下河冰（颗粒冰）单轴压缩应力应变曲线，可以看出，试验前期随着应力增加应变缓慢增加；当试样应力达到拐点后，应力逐渐减小，而应变快速增大。通过对比不同加载速率下河冰单轴压缩强度变化，可知当增大加载速率时可以增加或减少单轴抗压强度。因为在较大加载速率作用下河冰以脆性破坏为主，在较小加载速率作用下河冰以黏性破坏为主，特别慢的加载速率下会发生蠕变。而在一定的加载区间会发生韧脆转变，在韧脆转变区河冰单轴压缩强度出现峰值。

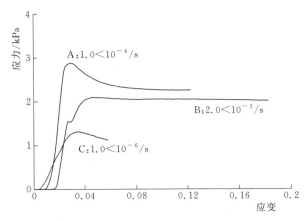

图 4-11　不同应变速率下河冰（颗粒冰-5℃）应力应变曲线

单轴压缩加载速率变化不仅会表现在极限应力大小上，而且还会在试验中试样破碎行为表现出来。随着加载速率增加，河冰破坏形式由韧性破坏经韧脆混合破坏向脆性破坏发展。图 4-12 给出了-15℃在不同应变速率下的颗粒冰破坏形式，三种破坏形式分别对应的应变速率为 4.0×10^{-5}/s，3.0×10^{-4}/s，2.0×10^{-3}/s。韧性区的破坏形式带有膨胀的特点；在韧脆过渡区，冰内部均匀分布有数量极多的裂纹，破坏后碎块多呈现通长条形；脆性破坏时内部裂纹少，破碎后多是大碎块的直接剥落，碎块数量相对较少。

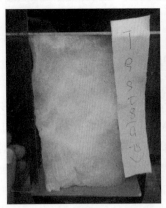

（a）膨胀破坏　　　　　（b）韧脆混合型破坏　　　　　（c）脆性破坏

图 4-12　河冰单轴压缩不同破坏形式

　　以往的研究表明河冰单轴压缩性质随着加载速率（应变速率）的变化存在韧脆转变，在高应变速率下呈现脆性断裂破坏性质，低应变速率下以韧性破坏为主，而在韧脆转变区间单轴压缩强度达到峰值。图4-13和图4-14分别给出了各试验温度下柱状冰和颗粒冰单轴压缩强度随应变速率的变化规律。颗粒冰晶体尺寸较小，一般认为其为各向同性材料，而柱状冰则为各向异性材料。以$-2℃$颗粒冰试验组为例，当应变速率小于$1.0 \times 10^{-4}/s$时，单轴压缩以韧性破坏为主；当应变速率大于$1.0 \times 10^{-3}/s$时，单轴压缩以脆性破坏为主；在韧脆转变区间单轴压缩强度达到峰值。在不同温度下韧脆转变区对应的应变速率不同，所以在研究河冰单轴压缩强度对温度和应变速率敏感性时需要综合考虑分析。其次，河冰也是一种温度敏感性材料，温度变化对其单轴压缩性质的影响尤其重要。$-2℃$时河冰极大单轴压缩强度略大于$-5℃$，随着温度的降低单轴压缩强度逐渐增大。颗粒冰和柱状冰极大单轴压缩强度存在一定差异，在相同温度下柱状冰极大单轴压缩强度明显大于颗粒冰，特别是在$-15℃$时柱状冰极大单轴压缩强度约为9MPa，颗粒冰极大单轴压缩强度约为4MPa。

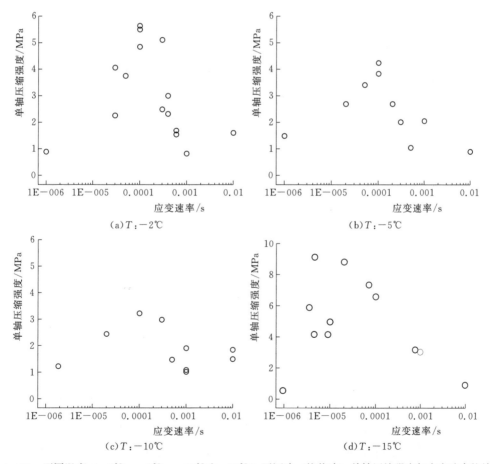

图4-13　不同温度（$-2℃$，$-5℃$，$-10℃$和$-15℃$）下河冰（柱状冰）单轴压缩强度与应变速率的关系

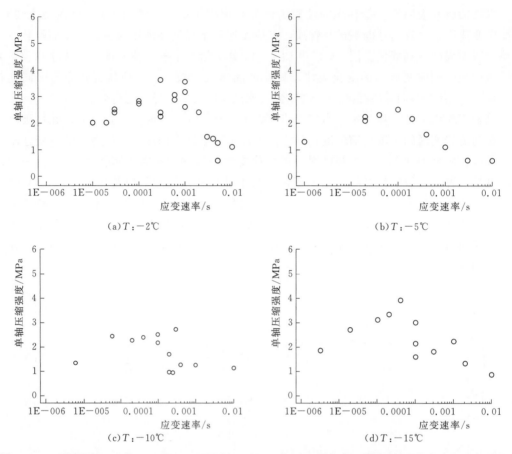

图4-14 不同温度（-2℃，-5℃，-10℃和-15℃）下河冰（颗粒冰）单轴压缩强度与应变速率的关系

4.3 嫩江岸冰三轴压缩力学性质

制作试样所用冰于2016年11月28日取自齐齐哈尔嫩江段，在近岸平整冰层处开槽并切割出尺寸为50cm×40cm×27cm（冰厚）的矩形冰坯。一般冰坯内温度高于气温，若两者温差较大时，冰坯取出后在温度应力的作用下短时间内冰样会产生大量裂缝。选择中午时分即一天内温度相对较高时取出冰坯，以此减少冰坯内温度裂缝的产生。取出的矩形冰坯运回东北农业大学，在低温实验室内低温储存，以备力学试样制作。

天然冰的晶体结构主要包括颗粒冰和柱状冰，其中颗粒冰可近似认为是一种各向同性材料，其力学性质与晶体方向无关；而柱状冰则是各向异性材料，力学性质与晶体方向有关。所以，三轴试验设计应依据河冰内部结构开展，需要对冰物理性质（此处主要包括冰晶体结构密度）开展调查。随机选取一竖直且上下完整冰样做冰切片，从所选冰样分别锯下2根10cm×10cm×27cm（冰厚）的上下通长的完整切片，剩余冰样保存以备用。切下的2根冰样分别用作冰晶体垂直切片观测和密度分析。切片时把所切冰薄片一面研磨平整贴到温度稍高于 0℃ 的玻璃片，待冰切片与玻璃片冻结牢固后，用刨刀或玻璃片小心刮平切片厚度至 0.5mm。将制作好的冰垂直切片在黑暗环境中置于费式台下拍照，并分析晶体结构，结果显示 0～6.5cm 深度范围内为颗粒冰，6.5～28cm 深度范围内为柱状冰。冰密度测量采用体积质量法，结果显示，0～6.5cm 深度范围内的颗粒冰平均密度为 $0.87g/cm^3$；6.5～28cm 深度范围内的柱状冰平均密度为 $0.89g/cm^3$。

依据晶体分析结果，确定本次试验只采用柱状冰，冰试样尺寸采用直径为 100mm、高度为 200mm 的圆柱体，圆柱体长轴方向与柱状冰长轴方向一致。试样加工时，先对冰坯进行分割为小尺寸冰块并剔除上层颗粒冰，而后在低温环境下通过车床加工成为圆柱形试样。加工过程中剔除存在大裂隙或孔洞等缺陷的试样，确保冰试样离散性达到最小。加工好的冰试样包裹保鲜膜并编号储存在环境温度为 -15℃ 的低温试验箱内。

试验设备采用东北农业大学水利与土木工程学院 CSY-20 低温三轴试验机（图 4-15）。试验机轴向最大加载力为 200kN；围压由低温酒精提供，围压范围为 0～15MPa（精度误差 1%FS）；最低试验温度可达 -30℃。

试验时试样需外套一层乳胶薄膜放入试验舱，以防止高压低温酒精沿着冰裂纹或孔隙渗入试样。试样套乳胶薄膜前，上下两端加放刚性垫块，然后在刚性垫块位置使用弹力橡胶圈紧固乳胶薄膜，防止通过乳胶薄膜上下两端渗漏酒精。

图 4-15 低温三轴试验机

试验共设置 4 组试验温度，分别为 -6℃、-12℃、-18℃ 和 -24℃，试验前在既定温度试样恒温超过 24h 以上；围压分别采用 500kPa、1000kPa 和 1500kPa；轴向加载采用相同加载速率 0.4mm/min，以消除加载速率对试验结果的影响。每种工况下进行 2 次重复试验，消除试样差异性。另外，根据数据处理结果适当进行补充试验。

选取广义剪切应力（$\sigma_1\sigma_3$）为纵坐标，轴向应变为横坐标，绘制围压为 500kPa 时 -6℃、-12℃、-18℃ 和 -24℃ 下的三轴压缩应力-应变曲线（图 4-16）。冰作为一种温度敏感材料，温度对冰的力学性质的影响不可忽略，在恒定轴向加载速率和恒定围压条件下，冰的极限广义剪切应力随温度的降低而增大。另外，在研究黄河冰单轴压缩性质时，发现单轴压缩强度随温度降低而增加。

淡水冰作为一种黏弹性材料，一般可用由虎克体（弹簧）和牛顿体（阻尼器）串联而成马克斯韦尔模型描述其力学行为，可反映出淡水冰作为固体材料力学性质所具有弹性特征和黏性特征相组合的应力应变关系。如图 4-16 所示，4 个试样的峰前应力应变曲线近似为线性变化，其变形成分主要表现出脆性材料的弹性特征。−6℃、−12℃和−24℃下的 3 个试样的应力应变曲线表现为应变软化型，即在应变分别为 5.20%、1.23%和 1.70%时达到极限广义剪切应力，而后应力随着应变的增大而逐渐减小，出现较为明显的峰后软化现象，其峰后变形成分主要表现出黏性材料的塑性变形特征。而−18℃试样未出现应变软化现象，在达到极限广义剪切应力后即出现脆性断裂。就整个试验来讲，56.7%的试样应力应变曲线表现为应变软化型，43.3%的试样出现脆性断裂，应力-应变曲线未表现出应变软化。淡水冰力学性质对加载速率敏感，研究人工淡水冰单轴压缩强度时发现，极限压缩强度随着应变速率变化存在韧脆转变。所以，三轴压缩出现应变软化与加载速率有一定关系，一般而言，轴向加载速率越低，出现应变软化的概率越大，而达到极限广义剪切应力所对应的应变也越大。单仁亮等对人工淡水柱状冰以 0.5mm/min 加载速率进行的三轴压缩试验结果表明，达到极限广义剪切应力的应变小于 1.58%。而我们的试验中以 0.4mm/min 加载速率轴向加载，66.7%的试样达到极限广义剪切应力时所对应的应变小于 2.00%，33.3%的试样达到极限广义剪切应力时所对应的应变大于 2.00%。在恒定加载速率、温度及围压条件下，平行组试样达到极限广义剪切应力的应变亦存在差异，这是由于天然淡水冰的内部结构存在差异性所导致。

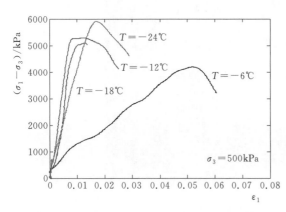

图 4-16　不同温度下三轴压缩应力-应变曲线

固体材料在三轴压缩作用下发生剪切破坏，剪切破坏形式与固体材料的内摩擦角及试验围压有关，一般发生单剪破坏、共轭破裂、张剪破坏和延性破坏。图 4-17 分别给出了 3 种试验条件下的三轴压缩破坏形式。图 4-17（a）试样无明显的剪切面出现，试样出现延性破坏；图 4-17（b）和图 4-17（c）试样发生单剪破坏，根据破坏面计算得到等效破裂角分别为 34°和 36°。研究所有试样破坏情况发现，在文中给定试验条件下，柱状冰主要发生单剪破坏和延性破坏，个别试样发生张剪破坏，其中共轭破坏没有发生。

由图 4-18 可知，在恒定的温度下，广义剪应力峰值随着围压的增大呈现近似线性增加规律。由图 4-19 可知，在恒定的围压下，广义剪应力峰值随着温度的升高呈现近似线性降低规律。徐洪宇等研究相同围压条件下冰温对广义剪应力峰值的影响规律，发现，在冰温低于−7℃时，随着温度的降低广义剪应力峰值逐渐增大；但是当冰温高于−4℃时，围压对广义剪应力峰值影响较小。

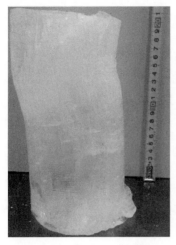  

(a)$T=-12℃$,$\sigma_3=1500kPa$ (b)$T=-18℃$,$\sigma_3=1000kPa$ (c)$T=-24℃$,$\sigma_3=500kPa$

图 4-17　河冰三轴压缩破坏形式

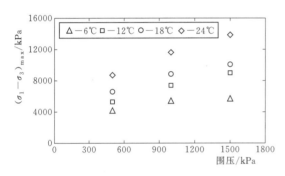 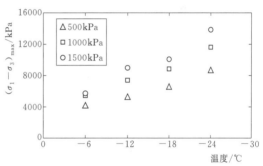

图 4-18　不同温度下广义剪应力峰值　　　图 4-19　不同围压下广义剪应力峰值
　　　　　与围压的关系　　　　　　　　　　　　　　与温度的关系

　　对于常规三轴试验，轴向加载杆对试件施加轴向压力，当试件轴向主应力逐渐增大且大于水平向主应力（$\sigma_1 > \sigma_2 = \sigma_3$），柱状冰试样受剪发生破坏，莫尔库仑破坏准则可表示为

$$\sigma_1 = A\sigma_3 + B \tag{4-3}$$

式中：$A = \dfrac{1+\sin\varphi}{1-\sin\varphi}$；$B = \dfrac{2c\cos\varphi}{1-\sin\varphi}$；$\varphi = \arcsin\left(\dfrac{A-1}{A+1}\right)$；$c$ 为凝聚力，kPa；φ 为内摩擦角，(°)。

　　对轴向应力与围压关系曲线进行拟合即可得出参数 A 和 B 的值，由此可以计算柱状冰的内摩擦角和黏聚力。

　　根据莫尔-库仑理论，对每个温度下 3 种围压的极限应力圆作近似为直线的公共切线，即为冰的抗剪强度包线，直线与横坐标的夹角即为冰的内摩擦角 φ，直线与纵坐标的截距即为冰的黏聚力 c。设莫尔圆强度包络线方程为

$$\tau = c + \sigma \tan\varphi \qquad (4-4)$$

式中：σ 为正应力，kPa；τ 为剪应力，kPa。

图 4-20 给出了 4 个试验温度下极限莫尔应力圆与强度包络线。

采用莫尔库伦理论计算出不同温度下的黏聚力和内摩擦角（表 4-2）。可知，冰温在 $-6 \sim -24\text{℃}$ 范围内，其内摩擦角为 $21° \sim 52°$；黏聚力为 $513.2 \sim 1191.6\text{kPa}$。

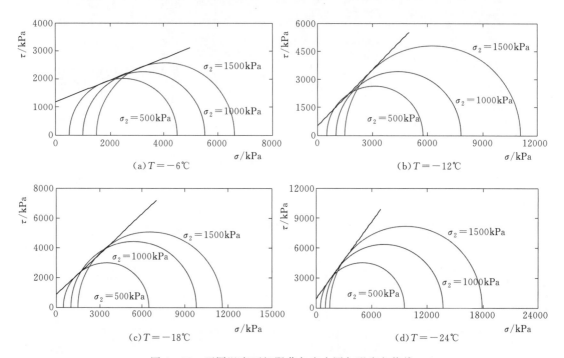

图 4-20　不同温度下极限莫尔应力圆与强度包络线

表 4-2　　　　　　　　　不同温度条件下河冰内摩擦角和黏聚力

温度/℃	-6	-12	-18	-24
$\varphi/(°)$	21	45	42	52
c/kPa	1191.6	513.2	861.6	933.4

对柱状冰（S2）的脆性断裂研究，结果显示，在冰温为 -2.5℃、-10.0℃ 和 -40.0℃ 时其内摩擦角分别为 $38°$、$29°$ 和 $26°$；柱状冰的内摩擦角在 $14° \sim 55°$ 区间内；另外，对松散碎冰的研究结果显示，内摩擦角在 $11° \sim 65°$ 区间内，黏聚力在 $0 \sim 4\text{kPa}$ 区间内。内摩擦角与冰的自身物理性质有关，以上研究结果表明，冰的内摩擦角分布在一个相对较宽区间内。对天然柱状河冰的研究结果显示，其内摩擦角为 $21° \sim 52°$，黏聚力为 $513.2 \sim 1191.6\text{kPa}$，与国外的一些研究结果具有规律一致性。

河冰在常规三轴试验时，试验机通过轴向加载和围压对力学试样做功，试样内部出现裂隙、滑裂面直至破坏的过程实际是耗散能量的一种表现。而在恒定围压下，试样径向变形时力学试样会对围压做功，因而在某恒定围压下试验机垂向加载对试样做的功大于冰试样实际耗散的功。参考大理岩三轴压缩试验，常规三轴试验时冰试样实际耗散的能量 K 为

$$K = \int \sigma_1 d\varepsilon_1 + 2 \int \sigma_3 d\varepsilon_3 \qquad (4-5)$$

式中：σ_1 为轴向主应力，kPa；σ_3 为围压，kPa；ε_1 为轴向应变；ε_3 为径向应变。

冰的泊松比 ν 可由 ε_1 和 ε_3 确定：

$$\nu = -\frac{\varepsilon_3}{\varepsilon_1} \qquad (4-6)$$

淡水冰的泊松比可取 0.35。则，根据式（4-5）和式（4-6）可得

$$K = \int (\sigma_1 - 2\nu\sigma_3) d\varepsilon_1 = \int (\sigma_1 - 0.7\sigma_3) d\varepsilon_1 \qquad (4-7)$$

图 4-21 给出了围压为 500kPa 时不同温度下河冰三轴压缩能量耗散特征曲线，4 条曲线对应图 2 应力-应变曲线中的试样。由图可见，在相同应变的前提下，−6℃冰三轴压缩所耗散的能量小于−12℃、−18℃和−24℃试样，−12℃、−18℃和−24℃冰三轴压缩能量耗散特征曲线趋于一致，表明在河冰温度低于−12℃时三轴压缩能量耗散规律趋于一致。而导致相同加载条件下三轴压缩能量耗散特征出现明显离散的主要原因是冰温变化引起，图 4-16 中−6℃冰试样达到极限广义剪切应力后未产生剪切面，后期发生延性破坏，而−12℃、−18℃和−24℃试样发生单剪破坏，表明在冰温升高靠近冰点过程中逐渐凸显其黏塑性，而冰温越低其脆性性质越明显。

图 4-22 给出了−6℃时不同围压下河冰三轴压缩能量耗散特征曲线。由图可见，河冰三轴压缩耗散的能量随着围压的增大有逐渐增加趋势，此结果与广义剪应力峰值随着围压的增大呈现近似线性增加具有内在一致性，从能量耗散和三轴压缩峰值强度两个方面都表明了围压对河冰三轴压缩破坏具有重要影响；另外，图 4-22 还显示出，在冰力学试样应变小于 1.2% 的范围内，围压对三轴压缩能量耗散影响较小。表明在三轴压缩达到广义剪应力峰值强度前，围压对能量耗散影响较小。冰试样达到极限广义剪切应力前以弹性变形为主，能量耗散特征受弹性性质控制。在达到极限广义剪切应力后产生剪切面过程是耗散能量的典型表现，而未产生剪切面呈现延性破坏的试样，其能量耗散特征出现弱化现象。

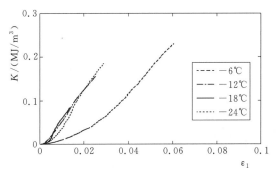

图 4-21　不同温度下河冰三轴压缩能量
耗散特征（$\sigma_3 = 500$kPa）

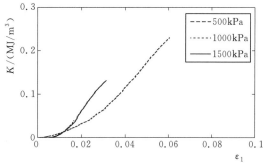

图 4-22　不同围压下河冰三轴压缩能量
耗散特征（$T = -6$℃）

5 冰上沉排类型及设计

　　水安全问题对社会经济发展的影响已纳入综合安全的范畴，水流侵蚀对水利工程边坡往往会造成很大的影响，遏制边坡水土流失最有效的方法就是对边坡进行防护工作。边坡防护结构典型断面如图5-1、图5-2所示。河道堤防护坡对水工建筑物的耐久性和整体性有决定性作用，已经成为水利工程中不可或缺的措施。水利工程中的边坡防护具有很强的地域性、季节性、时空性等特点，特别是在我国季节性河流和水库岸坡防护工程，冬、春季节气候寒冷，河面结冰封冻，开河期冰凌肆虐，对岸、坡造成极大破坏。由于受季节限制，边坡防护结构冰上施工技术应运而生，其防护结构型式主要采用沉排结构。冰上沉排最主要的优点是可以在冬季施工，节省施工时间，施工方法和施工条件与传统护坡技术有很大区别。护岸工程中冰上沉排材料和结构，由开始的柴排、柳条沉排发展到现在的土

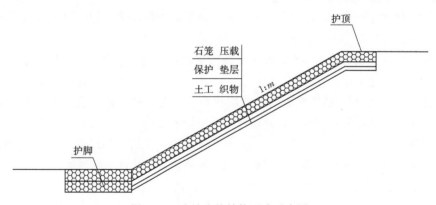

图5-1　边坡防护结构型式示意图

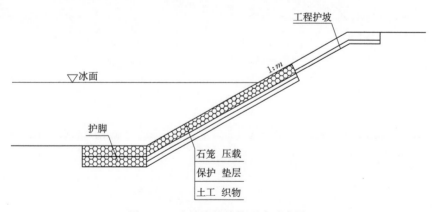

图5-2　边坡防护结构型式示意图

工织物沉排、铅丝石笼沉排和铰链式模袋混凝土沉排等。冰上沉排具有整体性良好、造价低、施工快、质量好、防护效果好等优点。

东北等地区气候寒冷，冰封时间长，夏季施工期短，常规护坡形式并不能满足施工技术要求，冰上沉排作为一种安全可靠的护坡方式逐渐被广泛应用于寒区工程建设。冰上沉排是一种在寒冷地区水利工程冬期冰上施工技术，以其特有的冬季施工特点，解决了一些常规的防护方式无法解决的问题。冰上沉排具有良好的整体性和柔性，且施工质量好、施工速度快、投资省、防护效果好，可在冬季施工。冰上沉排技术在黑龙江、松花江、嫩江、额尔古纳河、辽河、黄河均得到了良好的应用，有效地解决了边坡防护工程冬季施工的难题。

冰上沉排通常用作护脚，也可以用作护坡和护岸。冰上沉排与传统护坡技术的主要区别在于施工条件和施工方法的不同，其主要优点是可以在冬季施工过程中增加边坡的自身稳定，确保施工安全。目前，冰上沉排技术相对以前取得了很大的进展，但是由于沉排问题涉及水力、热力、几何边界调节和力学性质的变化等因素共同作用的影响，使得冰上沉排问题的研究非常复杂，到目前为止，仍然有很多问题没有解决，很多都没有给出冰面承载力的问题。

5.1　沉　排　类　型

护岸工程冰上沉排材料和结构，由早期的柴排、柳条沉排发展到现在的铁丝笼沉排、土工织物沉排和铅丝石笼沉排等。

5.1.1　柴排

自 1994 年汛期以后，为解决河道坍塌问题，柴排护岸被广泛应用，特别在辽河、大辽河河段。柴排具有柔韧性好，整体性强，对机械、施工要求低，不需要专门设备，可直接在冰上施工，与河床接触牢固等特点，有效地解决了一些特殊河段的崩塌问题。

柴排是用柳枝或杂树枝制成的大面积排状，用石块压沉于河岸上来保护河床免受水流冲刷，是一种施工简单的沉排方式。王玮晶等研究了柴排在松花江护岸中的应用，并提出柴排有良好的柔韧性，能适应河床的变形，在柳条丰富的地区有显著优势，具有良好的推广价值和发展前景。胡友山对柴排施工中有关的问题进行了探讨，提出了柴排设计时应该注意的事项，以及滑台的设计和施工等相关问题。柴排大多使用柳条编制，缺点是水上部分风吹日晒极易干枯，时湿时干又易腐烂，不利于环保，并且损坏后维修复杂并且费用高昂。如果柳条不是当地生产，并不经济。所以，应结合其他沉排方式，来弥补柴排的不足。朱效中进行了抛石、柴排和第四系沉积层成桩工艺方法与探索，采用了回转钻进、冲抓和跟管相结合的方法，成功解决了抛石层、柴排层之间的成孔问题。燕洪军结合当地水文条件和地质条件将软体沉排和柴排结合在一起应用在浑河南天门险工治理工程中，得出两种沉排结合是一种集抗冲、反滤于一体的整体护底结构形式。其防护的整体性强，柔韧性好，抗冲刷能力强，更合适险工治理工程。

5.1.2　石笼沉排

传统的护坡已经严重影响我国的生态环境。水利工程建设需要兼顾生态建设，因此很多新型材料被应用到水利工程中。石笼正是满足生态治河的要求，对改善河流流域环境、恢复生态系统平衡有明显效果。石笼沉排现场如图 5-3 所示。

图 5-3　石笼沉排现场图

石笼沉排通常采用"无纺布＋石笼＋块石"的结构型式，结构厚度通常为 40～80cm。石笼主要包括钢筋石笼和格宾石笼，其他还有耐特笼石笼、铅丝石笼、土工格栅石笼等。石笼沉排是河道险工护岸的组成部分，一般以河流多年枯水位为界，枯水位以下使用石笼沉排护脚形式，其上部用干砌块石、混凝土砌块等常规护砌形式。

冰上石笼沉排由沉排固脚、排体组成。固脚体一般设计为钢筋石笼、干砌块石或混凝土结构；排体结构是由反滤布、沉排压载体组成。冰上沉排时，首先应该进行河道险工位置地形图、纵断面图、横断面图、冬季冰层厚度、多年平均枯水位及土质类别等资料的收集，及确定排题结构尺寸。石笼沉排具有良好的整体性和柔性，施工质量好，施工速度快，还可在冬季施工。沉排的质量和使用寿命取决于构成沉排的石笼网的抗冲击和抗折断性能。在应用石笼沉排做护岸时，应严格控制石笼网的质量。尤其是在冰凌撞击严重的区域，不宜采用铅丝石笼沉排，必要时应采取相应的防护措施或改用其他结构型式。石笼沉排施工需要大量质量合格的石料，实际应用中宜结合当地实际情况和工程条件，综合考虑后确定沉排的结构型式，因地制宜选择不同的结构型式。黑龙江呼玛镇护岸工程采用"钢筋石笼＋土工织物"的结构，燃料公司段护岸工程采用"格宾石笼＋土工织物"的结构，石笼内填充块石压载；黑龙江抚远三角洲国土防护应急工程采用"耐特笼石笼＋土工织物"的结构；呼伦贝尔市额尔古纳河护岸工程采用"铅丝笼＋土工织物"的结构，铅丝笼内填充块石压载；嫩江右岸省界堤防工程马蹄子险工护岸工程采用格栅石笼沉排进行险工治理。

5.1.3　土工织物软体沉排

土工织物垫上以联锁块体或以抛石或预制混凝土块体等作为其上压重的结构为"软体沉排"。土工织物软体沉排断面如图 5-4 所示。土工织物软体沉排通常采用"土工织物＋填充物/压载体"的结构型式，结构厚度通常为 20～40cm。土工织物可采用高强机织反滤布、无纺布、聚丙烯编织布、涤纶机织布等。土工织物垫上以抛石或预制混凝土块体或以联锁块体等作为其上压重的结构，国内工程界称其为"软体沉排"。其显著特点是：①具有良好的柔性，能适应水下河床表面形状和变化，紧贴其上；②具有良好的连续性和整体性；③具有较大的抗拉强度。软体沉排中的土工织物垫（或称底布）不仅起联结整体作用，更主要是起反滤层作用，因此具有较高的抗冲刷能力，较传统的粒状材料反滤层优越。土工织物软体沉排压载根据沉排结构的不同，压载方式较多，如黑龙江呼玛镇上下游护岸工程采用"高强机织反滤布"的结构，反滤布内填充砂进行压载；松花江干流右岸三家子、新开口、卡脖子护岸工程采用"单面编织布＋加筋带＋栅块石"的结构，砂袋压载；嫩江主流右岸白沙滩险工护岸工程采用"涤纶机织布＋无纺布双层排布"的结构，砂土袋混合压载；辽河中游右岸辽河兰家险工护岸工程采用"编织布＋聚乙烯绳"的结构，土枕压载。

　　土工织物软体沉排具有良好的整体性和柔性。采用土工织物软体沉排进行护岸护底，不仅可缩短工期，还可保证工程质量。软体沉排压载方式多样，不只局限于块石，砂、土袋、土枕等均可作为压载使用，这不仅对节约工程投资非常有利，还可解决由于块石材质差及缺少块石的困扰。相对于石笼沉排，土工织物软体沉排可节约投资30%以上。

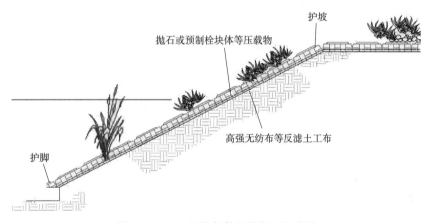

图 5-4　土工织物软体沉排断面示意图

5.1.4　铰链式模袋混凝土沉排

　　铰链式模袋混凝土沉排是一种采用土工合成材料进行边坡防护的新型沉排方式。铰链式模袋混凝土沉排断面如图 5-5 所示。它采用化纤材料编织的双层高强度模袋作为模板，在灌注压力下将混凝土或砂浆注入模袋中，多余的水分便从模袋中挤出，形成高密度、高强度、不同形状和厚度的固结体。模袋是由具有高强度、透水性、耐酸、耐碱、耐腐蚀性的纺布制成。根据两层模袋布之间的连接方式，模袋分为两种：一种是混凝土凝固后成为一个整体式模袋；另一种是形成一个个相互关联的分离式混凝土模袋，相邻的两个模袋之间用预设好的高强度绳索连接。铰链式模袋混凝土沉排具有较好的整体性和柔性，可适应河床变形。在河流冲刷作用下，沉排自动下沉，起到保护坝基的作用，并且对整个工程基础的作用也十分显著。李敏达等研究了铰链式模袋混凝土沉排护底在河道整治中的应用，提出了铰链式模袋混凝土沉排断面面积小，施工简单，整体性好，抗冲刷、抗冻能力强，大大节省工程施工费用和抢险费用。孙本轩等研究了铰链式模袋混凝土沉排在黄河河口清四控导工程中的应用，简述了排体设计与施工概况，主要介绍了施工工艺。铰链式模袋混凝土沉排具有机械化程度高，施工速度快，特别对缺乏石料地区的河防工程，具有重大意义。李向东等对铰链式土工模袋护底进行研究，介绍了土工模袋混凝土的设计方法和步骤，以及填充混凝土的试验配比和设计选择。赵玉良等对铰链式模袋混凝土沉排护底技术应用浅析，得出铰链式模袋混凝土沉排护底技术具有防冲效果好、可以直接水下施工等优点，能够有效地避免坝基发生坍塌险情。

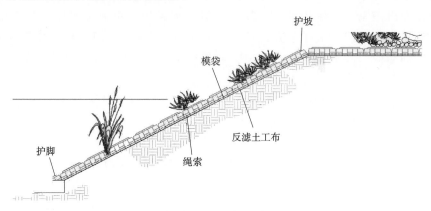

图 5-5　铰链式模袋混凝土沉排断面示意图

5.2　沉　排　材　料

冰上沉排主要在寒冷地区应用，由于特殊的环境条件，不仅受到水流冲蚀影响，还会受到冻融作用和冰凌撞击作用的影响。冰上沉排结构用到的材料主要有土工织物、石笼（钢筋石笼、格宾石笼、铅丝石笼等）、铰链式混凝土块、填充石料等，下面分别介绍它们的选用要求。

5.2.1　石笼网格材料

钢丝抗拉强度为 $350\sim550\text{N/mm}^2$，未经拉伸的钢丝的延伸率不得低于 12%，经过拉伸加工的成品钢丝的延伸率不得低于 7%；网面钢丝的直径为 2.7mm，公差为 $\pm0.06\text{mm}$，最小镀层量为 245g/m^2；为加强构件刚度，钢丝面板边均采用了直径为 3.4mm 的边端钢丝，镀层钢丝公差为 $\pm0.07\text{mm}$，最小镀层量为 265g/m^2；绑扎钢筋的直径为 2.2mm，公差为 $\pm0.06\text{mm}$，最小镀层量为 230g/m^2。

5.2.2　石笼沉排填充石料

填充物采用卵石、片石或毛石，要求石料粒径为 $100\sim300\text{mm}$ 为宜，容许不超过 15% 的粒径小于 100mm，但其不得用于石笼网格的外露面，空隙率不超过 30%，要求石料质地坚硬，强度等级 MU30，比重不小于 2.5 t/m^3，遇水不易崩解和水解，抗风化。薄片、条状等形状的石料不宜采用。风化岩石、泥岩等亦不得用作充填石料。从抗冲稳定分析，可以选用式（5-1）计算石料粒径：

$$d=\frac{q^3}{27.4h^{7/2}(\cos Q)^{3/2}}=\frac{v^3}{27.4h^{1/2}(\cos Q)^{3/2}} \tag{5-1}$$

式中　d——石料平均直径；

q——沉排处水的单宽流量；

h——沉排处水深；

v——沉排处水的平均流速，$v=q/h$；

Q——岸边坡坡度。

根据经验可将式（5-1）计算的石料直径 d 扩大 5％～15％；一般情况下利用 0.2～0.45m 的块石。石料厚度应不小于抛石粒径的 2 倍，水深急流处宜为 3～4 倍，一般厚度可为 0.6～1.0m。

5.2.3 铰链式模袋混凝土沉排材料

反滤布既要满足保土性、透水性和防淤堵性，又要有一定的强度。根据滤布产品性能和工程实践经验，选用一层高强机织的丙纶反滤布。

模袋的压载主要取决于模袋块体的厚度，按照尼克龙（Nicolon）公司铰链式模袋混凝土标准块体的流速和厚度关系推算，模袋混凝土块体水下浮压强为 180kg/m^2 时，可抗 4.5m/s 流速的冲击。因此，根据实测垂线最大平均流速，考虑满足稳定要求。

要求缝制模袋的布料要保证混凝土砂浆中的水分能迅速排出，而细骨料砂不能穿过，水泥颗粒流失较少。模袋布中设有灌浆通道及灌注孔，选用锦纶产品。

根据模袋充填要求，混凝土砂浆必需具有一定的流动度，配合比按一级配设计，水泥一般采用标号 425 号普通硅酸盐水泥，碎石粒径小于 1cm，模袋混凝土最终标号 200 号，为提高混凝土的易性与抗冻性，有利于混凝土泵输送和在模袋内畅通扩散，可根据施工条件掺和适量的减水剂，以降低成本。

每个块体内沿水流方向横向布设 1 根铰链绳、沿垂直于水流方向纵向布设 2 根铰链绳。铰链绳的好坏直接关系到沉排能否安全运行，因此在选择铰链绳时，需考虑块体水下脉动、悬挂和排体滑动等不利因素，据此设计出单根绳的最小断裂强力，由模袋厂家按此要求预制在模袋中。

5.2.4 土工织物

护底软体沉排是水下部分。虽然是冬季施工采用冰上沉排法，但沉排时必须有足够压载，为此该沉排称之为压载软体沉排。根据土工织物软排在护岸工程中作用可以看出，缝制软排所用的土工织物的选择主要从反滤要求、抗拉强度两方面考虑，同时还要考虑土工织物的材质情况，如是否有再生料（因有再生料，老化速度就很快），是否厚薄均匀等。

（1）反滤要求。对于无纺布按目前国内外普遍采用的准则：选择即可（为土工织物的等效孔径，为被保护土的特征粒径，为土工织物渗透数，为被保护土的渗透系数），国产无纺布大多都能满足这一要求。对于编织布按辽宁省水利水电科学研究院提出的准则：①对于黏粒含量大于 10％的黏、壤土，在有覆盖保护条件下，可以采用；②对于黏粒含量小于 10％的砂性土，在有覆盖保护条件下，可以采用，水流含沙量较大时取大值，水流含沙量较少时取小值；③渗透要求均采用。

（2）抗拉强度要求。抗拉强度要求应通过计算确定，一般不应低于 200N/5cm，加筋绳强度应满足施工或沉排下沉时的应力。

5.3 石笼沉排结构设计

5.3.1 石笼沉排长度

沉排长度是指自岸边排首至伸入河中排尾的长度。排体的长度由枯水位或施工水位以下伸入河中的长度和枯水位或施工水位以上与护坡连接的长度（包括排首锚固长度）两部分组成。沉排体铺放在河床上，水流淘刷时在自重作用下自行下沉。在护岸底部河床达到极限冲刷状态时，排体应能维持工程基础的稳定，因此须按最大冲刷坑深度计算排体总长度。水下部分的长度计算按以下情况计算：

（1）主流靠近岸边时，按深泓线以上的坡面长度计算，计算公式如下：

$$L = \alpha_1 \alpha_2 H \sqrt{1 + m^2} \tag{5-2}$$

式中　L——排体长度，m；

α_1——褶皱系数，当河床比较平整时取 1.1，河床不太平整时取 1.3；

α_2——冲斜系数，当水深大于 2.0m、流速大于 1.0m/s 取 1.3，当水深大于 2.0m、流速小于 1.0m/s 取 1.2，当水深小于 1.0m、流速小于 1.0m/s 取 1.1；

H——深泓线以上边坡高度，根据计算取值；

m——与 H 相对应的稳定边坡坡率，一般取值 1.5～2.0。

（2）主流距岸边比较远时，沉排的长度包括两部分，一部分是岸坡边坡长度；另一部分是坡脚部分，计算公式如下：

$$L = \alpha_1 \alpha_2 H \sqrt{1 + m^2} + 2.24 \Delta H \tag{5-3}$$

式中　H——边坡高度，m，自坡脚至边坡顶部的垂直高度；

ΔH——沉排冲刷深度，m。

（3）沉排底部设置护脚，沉排长度按护脚以上的坡面长度计算。

5.3.2 石笼沉排宽度

冰上沉排已经在北方施工中应用很多，但由于受施工条件和施工设备的限制，均采用单块排体施工。沉排宽度是沿岸坡顺水流方向的宽度。沉排的宽度应根据沉排规模、施工技术要求，以及岸坡实际长度划分，为保证沉排的整体性，沉排宽度不宜小于 20m。冰上沉排具有良好的柔性和整体性。从工程效果来看，沉排的排体宽度越大，整体性越强，越能发挥沉排整体性强而又能适应河床调整的性能，而且减少会间搭接个数，并且会降低工程造价。但排体宽度越大，施工的难度也会越大，成功率也随之降低。

5.3.3 石笼沉排厚度

排体的厚度是排体稳定的一个重要因素，应根据沉排压载值的大小来确定。应考虑两个因素：①排体运行期间受水流和风浪作用，必须满足稳定性要求；②压载体重量应满足排体沉放要求，需根据冰厚确定排体合理厚度，使之能够下沉到设计位置，不发生随冰漂移，又不至因排体太重、冰层承载力不足而导致施工安全事故。在水下深度、坡度、摩擦系数不变的情况下，护底沉排的稳定主要取决于排体上的压载。根据黄河已建类似工程的运用情况并结合理论计算，沉排压载取 300～350kg/m²，排体厚度为 0.7m，能够满足沉排抗掀起、抗悬浮的稳定要求。东北地区沉排厚度一般为 0.3～0.8m，嫩江下游、第二松花江及其以南地区取小值，黑龙江干流及嫩江上游、松花江下游取大值。

5.4 土工织物软体沉排结构设计

5.4.1 土工织物软体沉排长度

沉排长度的计算较为单一，具体计算方法有两种：若河道的主流较为靠近岸边时，多采用深泓线计算法。如果深泓线远离岸，则按照最大冲刷深计算。深泓线计算公式为

$$L = L_1 + \alpha_1 \alpha_2 L_2 + \varepsilon \sqrt{a^2 + b^2} \tag{5-4}$$

式中　L——设计水下排长，m；

　　　L_1——水上护坡排体连接及锚固长度，m；

　　　L_2——深泓线以外超长，经验数据为 2～5m；

　　　α_1——褶皱系数，河床较为平整时取 1.1，河床不规则时取 1.2；

　　　α_2——冲斜系数，水深大于 2m，并且流速大于 1m/s 时，取 1.3；

　　　a——枯水位是深泓线距岸边水面距离，m；

　　　b——枯水位时深泓线处水深，m；

　　　ε——收缩系数（静水为 0.015～0.024，动水为 0.025～0.040）。

冲刷深计算公式：

$$L = L_1 + \varepsilon \sqrt{h^2 + (mh)^2} \tag{5-5}$$

式中　h——枯水位时平均水深与最大冲刷深的和，m；

　　　m——水下稳定边坡系数。

5.4.2 土工织物软体沉排宽度

理论上来说，沿河纵向沉排越宽越好，排体宽，整体性好，用料省，但是施工难度大。在选定排宽的同时，应该注意到排体的收缩率。引起排体收缩率的原因主要有沉排期水的深浅，河流流速的大小，施工水平的高低。计算土工织物软体沉排宽度的经验公式：

$$B = B_1 + \varepsilon B_1 \tag{5-6}$$

式中　B——排体宽度，m；

　　　B_1——防护宽度，m；

　　　ε——排体收缩系数，静水为 0.015～0.024，动水为 0.025～0.040。

松辽委水利科研所与吉林省扶余县水利局合作，在第二松花江上完成了深水冰上大面积土工织物沉排技术研究项目，获得单块沉排最大宽度 600m 的成功记录，该成果得到了一定范围的推广。按冰上沉排常规施工方法，单块沉排沉放后，周围很大范围冰层遭到破坏，丧失了承载能力，无法在其上部连续铺排施工，所以，常规的冰上沉排施工方法为第一年冬季隔块施工，第二年冬季补沉中间排块。对较宽的险工护岸冰上沉排工程，必须分两个冰封期完成。

5.4.3 土工织物软体沉排厚度

排袋厚度应能抵抗在水下抗浮和冬季抗冰推破坏。

（1）抗浮厚度：受波浪作用排体的抗浮稳定条件用稳定系数 S_N 控制。

$$S_N = \frac{H}{\gamma_R t_m} \tag{5-7}$$

式中　H——浪高，m；

　　　γ_R——排体水下无因次密度相对值；

　　　t_m——排体厚，m。

（2）抗冰推所需厚度：排袋重应抵抗水体水平冻胀力将沿其坡面推动，其厚度按式（5-8）估算：

$$t \geqslant \frac{\dfrac{\rho_i t_i}{\sqrt{1+m^2}}(F_s m - f_{cs}) - H_i C_{cs}\sqrt{1+m^2}}{\gamma_c H_1 (1+m f_{cs})} \tag{5-8}$$

式中　t——所需厚度，m；

　　　t_i——冰层厚度，m；

　　　ρ_i——冰水平推力，可采用 1500kN/m^2；

　　　H_i——冰层以上护面垂直高度，m；

　　　C_{cs}——护面与坡面黏力；

　　　f_{cs}——护面与坡面摩擦系数。

（3）充填厚度和水泥砂浆标准配合比，亦可根据 SL/T 225—98《水利水电工程土工合成材料应用技术规范》中表 7.7 和表 7.8 采用。故水泥砂浆填充料其厚度为 10～15cm。水泥砂浆标准配合比水下灰砂比为 1:2，水灰比 60%，单位可用水泥 600kg/m^3，砂 1200kg/m^3，水 360kg/m^3。抗压强度 5000N/cm^2。

5.4.4　土工织物软体沉排稳定性

排体的稳定性与抗滑力密切相关，排体沿坡面的滑动主要有布排与地基土间的滑动和盖重与布排的滑动。取单位宽度沉排进行抗滑稳定计算：

$$K_C = \frac{F}{T} = c \tan\alpha \tan\varphi \tag{5-9}$$

式中　T——下滑力，kN；

　　　F——阻滑力，kN；

　　　α——坡面水平夹角；

　　　φ——排布于砂摩擦角。

标准 SL/T 225—1998《水利水电工程土工合成材料应用技术规范》给出在流速 $Q=3.0\text{m/s}$ 层流、压重 0.1kN/m^2 时沉排不被水流冲走。确定排体是否稳定常根据具体计算结果与其比较确定稳定性是否符合要求。

5.5　铰链式模袋混凝土沉排

5.5.1　铰链式模袋混凝土沉排长度

为了保证护岸底部河床在达到极限冲刷状态时，排体仍能维持稳定，按最大冲刷坑深度计算排体的总长度，护底沉排长度 B 的计算公式：

$$B = B_0 + \sqrt{1+m^2}(h_m - h_1) \qquad (5-10)$$

式中 B_0——排体锚固长度；

   m——冲刷坑稳定边坡系数；

   h_m——最大冲刷坑深度；

   h_1——排体底部距造床流量相应水位的水深。

5.5.2 铰链式模袋混凝土沉排稳定性

（1）排体的抗滑稳定性计算：

$$F_s = \frac{GL_3 + GL_4\cos\alpha}{GL_4\sin\alpha} \times f_{cs} \qquad (5-11)$$

式中 F_s——沉排抗滑稳定系数，取值大于等于1.3；

   L_4——斜坡段模袋长度，m；

   L_3——斜坡坡脚模袋长度，m；

   f_{cs}——模袋与坡面之间的摩擦系数；

   α——坡脚，（°）。

（2）排体边缘抗掀动稳定性。根据《水利工程土工织物设计指南》，排体边缘不致被掀起的条件是该处流速必须小于某临界流速 v_{cr}：

$$v_{cr} = \theta\sqrt{\gamma'_R g t_m} \qquad (5-12)$$

$$\gamma'_R = \frac{\rho_m - \rho_w}{\rho_w} \qquad (5-13)$$

$$\theta = \sqrt{\frac{2}{c_1}} \qquad (5-14)$$

式中 γ'_R——排体在水下的无因次相对重度；

  ρ_m、ρ_w——排体和水的密度，t/m^3；

   t_m——排体边缘厚度；

   c_1——浮力系数。

$$v = v_{sm}\left(\frac{y}{h_0}\right)^x \qquad (5-15)$$

式中 y——水下计算点距排块距离；

   h_0——排前水深；

   x——指数，取值为1/3；

   v_{sm}——水面实测流速。

若 $v < v_{cr}$，则符合要求，排体边缘不会掀起。

6 冰上沉排关键技术研究

6.1 冰上沉排室内模拟

在室内开展沉排沉降过程模拟，研究冰厚和气温过程对沉排下沉过程影响规律。沉排模型为石笼沉排形式，网格采用 1cm×1cm 正方形钢丝网编制而成，沉排模型长度为 200cm，宽度为 80cm，厚度为 5cm。在石块填充结束后进行封口，每隔 15cm 增设直径为 3mm 铁丝加筋固定，保证了沉排不会在搬运中变形（如图 6-1 所示）。沉排总重量 169kg，沉排模型平铺在冰面后产生的面荷载为 1035.13N/m² （105.63kg/m²）。沉排底部铺设一层厚度为 2mm 的无纺布，编制沉排模型中每隔 40cm 加筋固定，以保证沉排模型整体稳定性。

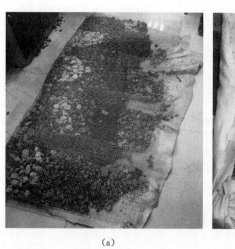 

(a)   (b)

图 6-1 沉排模型制作

碘钨灯具有耐低温，体积小，亮度强，辐射热量大的特点。在沉排模型布放区垂直于冰面上方 80cm 处布置 2 盏碘钨灯，碘钨灯单灯功率为 1kW，光辐射能力较强，依靠碘钨灯架使其主要照射面积约为 1.2m²。通过手动间接性开关碘钨灯以达到模拟太阳光照的目的。

第 4 次模拟实验时当冰厚到达 9.5cm 时（2017 年 11 月 26 日）布设沉排模型如图 6-2 所示，根据模型时间比尺推算，布放沉排时相当于野外实际时间的 1 月下旬。沉排模型采用自然沉降，通过手动间接性开关碘钨灯模拟太阳光照，光照每隔 1 小时照一次，第一次照一小时，并且光照时间逐渐增长。

在 2017 年 11 月 27 日 15：30 沿排体外边缘从左到右每隔 13cm 布置一个排上水深测点，测得冰排上水深分别为 4.4cm、4.6cm、5.8cm、6.8cm、7.2cm、8.0cm、8.6cm、8.8cm、9.0cm、9.3cm、9.6cm、9.8cm、10.1cm、10.8cm、13.7cm。可以看出沉排从左到右下落深度越来越大。当冰厚到达 3.1cm 时（2017 年 11 月 28 日 19：40）沉排模型完全下落沉入水中，见表 6-1、图 6-3。

图 6-2 第 4 次模拟实验时沉排模型布置图

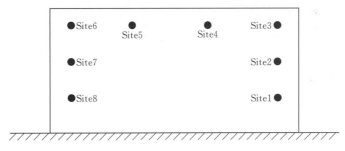

图 6-3 第 4 次模拟实验时沉排下落过程测点布置

表 6-1　　　　　　　　　　　　第 5 次模拟实验时沉排下落过程

时　　间	位　　置							
—	Stie 1	Stie 2	Stie 3	Stie 4	Stie 5	Stie 6	Stie 7	Stie 8
2017-12-8　8：30	8.8	6.0	11.0	6.0	4.0	12.0	5.0	5.0
2017-12-8　10：00	8.8	7.0	12.0	6.5	5.5	13.0	5.5	6.5
2017-12-8　11：30	9.6	7.5	13.0	7.0	6.0	14.0	6.5	7.0
2017-12-8　13：30	10.5	8.5	14.0	8.0	6.5	14.0	7.0	8.0
2017-12-8　16：00	11.5	9.5	14.0	8.5	7.5	14.0	8.0	9.0

时 间	位 置							
2017-12-8 18:00	13.0	11.0	15.0	10.0	8.5	14.0	9.0	11.0
2017-12-8 19:30	14.0	12.0	16.0	11.0	9.0	14.0	10.0	11.5
2017-12-8 21:30	15.0	12.5	16.0	12.0	10.0	15.0	11.0	12.5
2017-12-9 8:00	沉排完全下落							

第 5 次模拟实验时当冰厚到达 9.3cm 时（2017 年 12 月 6 日 9:30）布设沉排模型，如图 6-4 所示，根据模型时间比尺推算，布放沉排时相当于野外实际时间的 1 月下旬。沉排沉降过程给予人为干扰，采用强迫沉降，在沉排铺放完成后，在沉排周围 3cm 处开 5cm 深的槽。另外，通过手动间接性开关碘钨灯模拟太阳光照，并且加强了光照，延长光照时间缩短关灯时间。排体沉降过程测点布置图如图 6-5 所示，第 5 次模拟实验时沉排模型完全下落时冰厚为 5.5cm（2017 年 12 月 9 日 9:40），比不开冰槽提前下落。第一次自由沉降，沉排缓慢下沉；第二次强迫沉降，沉排先是缓慢下沉，然后骤降。具体下落过程见表 6-2。

图 6-4　第 5 次模拟实验时沉排模型布置图

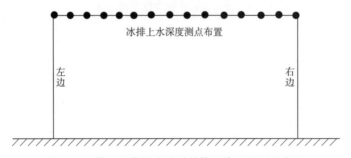

图 6-5　第 5 次模拟实验时排体沉降过程测点布置

表 6 – 2	第 5 次模拟实验时沉排下落过程							
时间（年-月-日：分）	位　置							
—	Stie①	Stie②	Stie 1	Stie 2	Stie 3	Stie 4	Stie 5	Stie 6
2017 – 12 – 08 8：30	11.0	12.0	8.8	6.0	6.0	4.0	5.0	5.0
2017 – 12 – 08 10：00	12.0	13.0	8.8	7.0	6.5	5.5	5.5	6.5
2017 – 12 – 08 11：30	13.0	14.0	9.6	7.5	7.0	6.0	6.5	7.0
2017 – 12 – 08 13：30	14.0	14.0	10.5	8.5	8.0	6.5	7.0	8.0
2017 – 12 – 08 16：00	14.0	14.0	11.5	9.5	8.5	7.5	8.0	9.0
2017 – 12 – 08 18：00	15.0	14.0	13.0	11.0	10.0	8.5	9.0	11.0
2017 – 12 – 08 19：30	16.0	14.0	14.0	12.0	11.0	9.0	10.0	11.5
2017 – 12 – 08 21：30	16.0	15.0	15.0	12.5	12.0	10.0	11.0	12.5
2017 – 12 – 09 8：00	沉排完全下落							

6.2　实验室原位悬臂梁弯曲试验

实验室悬臂梁试验按照野外现场试验要求设计，在天然冰盖上切割出梁的三个边，保持第四个边与冰层连接，形成悬臂梁，然后在梁的自由端施加荷载。

选择在冰面无明显裂纹的地方切割出悬臂梁试样，梁宽 b 是冰厚 h 的 2～4 倍，梁长 l 是冰厚 h 的 7～10 倍。实验室采用 PPM225 – LS1 – 1 型拉压力传感器进行试验数据收集，如图 6 – 6 和图 6 – 7 所示。由于切割悬臂梁时会带来尺寸上的误差，每次试验过后再对梁的具体尺寸进行测量，试验结束后对破坏后的试样尺寸进行测量。

图 6 – 6　力学采集系统

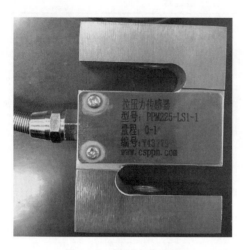

图 6-7 拉压力传感器

原位悬臂梁弯曲加载装置如图 6-8 所示,当悬臂梁加工好后,固定加载装置,使得压头对准悬臂梁末端;加载前启动采集程序,分别记录加载力和梁端位移,加载至悬臂梁断裂破坏,然后停止采集程序,保存该次采样数据,即完成本次试验,试验结束后对破坏后的试样尺寸进行测量并记录。每个悬臂梁在加载前要详细记录冰梁内裂纹位置、生长方向和大小;悬臂梁破坏后记载冰梁断裂位置和断裂方向。在试验数据分析时通过记录情况可以准确还原试验样本的破坏原因。

图 6-9 分别给出了 12 组原位悬臂梁试验冰弯曲应力曲线。全部试验组为下压试验(冰面受拉、冰底受压)。起始加载点为力值开始均匀上升的点,悬臂梁断裂时的峰值荷载可计算弯曲强度。悬臂梁断裂后拉力迅速下降后又产生了一段波动的力,是由于悬臂梁断裂之后,水的浮力造成的。

表 6-3 给出了 12 组原位悬臂梁试验(冰面受拉,冰底受压)获得的河冰弯曲强度。试验结果可知,实验室原位悬臂梁下压试验弯曲强度在 417~1197kPa 区间,弯曲强度平均值为 842.5kPa。试验 8、试验 11、试验 12 在温度−9.8℃时进行弯压试验,其他试验在温度−22.5℃时进行,可以看出,−22.5℃时弯曲强度明显大于−9.8℃。

(a)   (b)

图 6-8 实验室原位悬臂梁弯曲加载装置

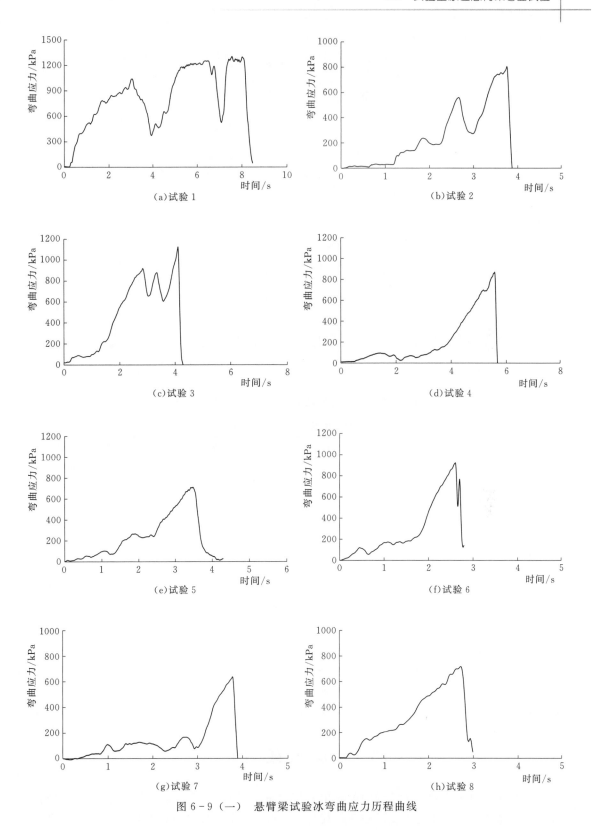

图 6-9（一） 悬臂梁试验冰弯曲应力历程曲线

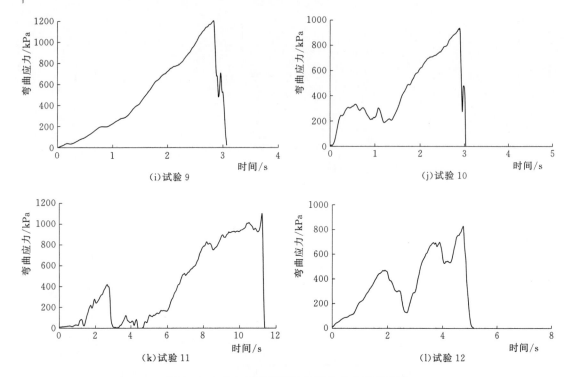

图6-9（二）　悬臂梁试验冰弯曲应力历程曲线

表6-3　　　　　　　　　　　　悬臂梁试验获得的弯曲强度

试样编号	温度/℃	冰厚/cm	梁宽/cm	断裂梁长/cm	弯曲强度/kPa
试验1	−22.5	5.0	10.0	32.0	1030
试验2	−22.5	5.0	13.0	41.0	791
试验3	−22.5	5.0	12.5	36.0	1111
试验4	−22.5	6.5	13.6	49.0	859
试验5	−22.5	6.5	15.1	51.0	704
试验6	−22.5	7.5	15.0	56.0	920
试验7	−22.5	7.5	15.0	61.0	630
试验8	−9.8	9.6	21.0	74.0	708
试验9	−22.5	2.6	5.5	14.0	1197
试验10	−22.5	2.6	6.5	17.0	916
试验11	−9.8	10.0	24.0	85.0	417
试验12	−9.8	7.6	26.0	53.0	827

6.3　冰层承载力计算

在寒区，河流、湖泊、海洋中的冰层常用来充当临时道路、桥梁、机场的施工平台。在众多用途中，冰层所能承受的破坏荷载与实际荷载之间的安全界限是施工中应该被考虑的因素。冰层在受到外荷载作用时产生变形，一般根据荷载作用时间的长短，将冰层承载失效分为两种：一种是在长期荷载作用下导致冰层蠕变变形，当蠕变变形超过一定范围时，冰层破裂失效；另一种是短期荷载作用下冰层承载能力所导致的脆性断裂失效。冰上沉排等长期荷载作用下导致的冰层承载失效为第一种状况，而冰上运输等短期荷载作用下导致的冰层承载失效为第二种情况。

冰层承载力与很多因素有关，其中包括冰层温度场、冰上裂缝和冰厚等因素。分析国外的研究结果，总结出可用于简单计算冰层在短期荷载作用下的承载力经验公式：

$$P = C_{ir}h^2 \tag{6-1}$$

式中　C_{ir}——承载力系数，t/m^2，其范围为 $35t/m^2 \leqslant C_{ir} \leqslant 70t/m^2$；

h——冰厚，m。

根据冰层内弯曲应力计算得到的承载力可根据公式计算：

$$\sigma_{\max} = 0.275(1+\upsilon)\frac{P}{h^2}\lg\left(\frac{Eh^3}{kb^4}\right) \tag{6-2}$$

$$\sigma_{\max} = 0.529(1+0.54\upsilon)\frac{P}{h^2}\left[\lg\left(\frac{Eh^3}{kb^4}\right) - 0.71\right] \tag{6-3}$$

$$b = \begin{cases} \sqrt{1.6c^2 + h^2} - 0.675h & (c < 1.724h) \\ c & (c \geqslant 1.724h) \end{cases} \tag{6-4}$$

式中　υ——泊松比；

P——荷载；

E——冰的弹性模量；

h——冰厚；

k——水的反力系数，$9.81kN/m^3$；

c——荷载面积半径。

式 (6.2) 可计算无裂缝冰内弯曲应力，式 (6.3) 计算有裂缝冰内弯曲应力。

冰层在长期荷载作用下弹性挠曲变形产生的永久挠度将使冰层顶面低于水面，进而可能引起水流渗透裂缝，并且淹没荷载区域。冰层在长期荷载作用下比短期荷载小 3～5 倍。

根据式 (6.1) 计算得到冰层承载力与冰厚之间的关系，如图 6-10 所示。可知在冰厚达到 50cm 时，冰层在短期荷载作用下的承载力可达到 8.75～17.5t。另外，根据现场实测原位悬臂梁弯曲强度平均值为 495kPa，弹性模量平均值为 5.10 GPa，代入式 (6.2) 计算无裂缝冰层承载力，如图 6-11 所示。可知，在冰厚达到 50cm 时，冰层在短期荷载作用下的承载力为 7.16t，相对经验式 (6.1) 计算结果偏低。

根据现场悬臂梁测得到的弯曲强度和实测冰厚及式 (6.2) 和式 (6.3) 计算冰层承载力，如果得到的结论是冰层厚度不能满足施工要求时，除了等待冰层继续生长外，就需要对冰层给予人工加快冰层冻结。一般有两种方法：一是除雪冻结。清除通路两侧的积雪，使冰层下面自然结冰，以增加冰层厚度。二是浇水冻结，浇水前清除冰面积雪，然后分层浇水冻冰，每次浇水厚度在 1cm。为了加快冻结速度，可将外形尺寸 10cm 左右的碎冰分层密实铺填，每次厚 10～15cm，而后浇水冻冰。

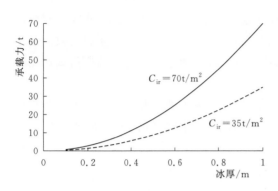

图 6-10 冰层承载力与冰厚之间
的关系 [（式（6-1）]

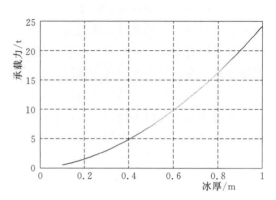

图 6-11 冰层承载力与冰厚之间
的关系 [式 6-2）]

6.4 冰层承载力预测

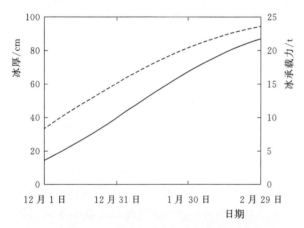

图 6-12 冰厚及无裂缝冰层在短期荷载作用下
承载力随时间变化关系（嫩江齐齐哈尔段）

根据 1983—2013 年嫩江齐齐哈尔段冰厚与冰冻度日关系，得嫩江齐齐哈尔段冰厚增长系数 α 为 2.29cm/（℃$^{0.5}$ · d$^{0.5}$）。计算 1983—2013 年每年 10 月 20 日至次年 2 月 28 日每日平均气温，累计得到冰冻度日变化曲线，并根据冰厚增长系数 α 预测每年 10 月 20 日至次年 2 月 28 日每日冰厚。在得到冰厚前提下依照上节中计算无裂缝冰层承载力公式，计算每年冬季嫩江齐齐哈尔段无裂缝冰层在短期荷载下的承载力，如图 6-12 所示。嫩江齐齐哈尔段 12 月至次年 2 月冰厚及无裂缝冰层在短期荷载作用下的承载力日历见表 6-4～表 6-6。

表 6-4 嫩江齐齐哈尔段 12 月冰厚及无裂缝冰层在短期荷载作用下承载力日历

12月1日	12月2日	12月3日	12月4日	12月5日	12月6日	12月7日
(33.51, 3.61)	(34.45, 3.78)	(35.43, 3.96)	(36.44, 4.16)	(37.47, 4.36)	(38.44, 4.56)	(39.43, 4.76)
12月8日	12月9日	12月10日	12月11日	12月12日	12月13日	12月14日
(40.39, 4.96)	(41.32, 5.16)	(42.27, 5.36)	(43.21, 5.57)	(44.12, 5.77)	(45.04, 5.98)	(45.97, 6.19)
12月15日	12月16日	12月17日	12月18日	12月19日	12月20日	12月21日
(46.87, 6.40)	(47.75, 6.61)	(48.63, 6.82)	(49.49, 7.04)	(50.33, 7.24)	(51.20, 7.46)	(52.07, 7.68)

12月22日 (52.96, 7.91)	12月23日 (53.84, 8.14)	12月24日 (54.71, 8.37)	12月25日 (55.56, 8.60)	12月26日 (56.41, 8.83)	12月27日 (57.25, 9.06)	12月28日 (58.10, 9.29)
12月29日 (58.92, 9.52)	12月30日 (59.73, 9.75)	12月31日 (60.55, 9.98)				

注 每个单元格括号内第1个数据为对应日期的冰厚（cm），第2个数据为对应日期的冰层承载力（t）。

表 6-5 嫩江齐齐哈尔段 1 月冰厚及无裂缝冰层在短期荷载作用下承载力日历

			1月1日 (61.39, 10.23)	1月2日 (62.22, 10.47)	1月3日 (63.03, 10.71)	1月4日 (63.83, 10.95)
1月5日 (64.60, 11.18)	1月6日 (65.34, 11.40)	1月7日 (66.07, 11.63)	1月8日 (66.82, 11.86)	1月9日 (67.59, 12.10)	1月10日 (68.36, 12.34)	1月11日 (69.12, 12.58)
1月12日 (69.88, 12.83)	1月13日 (70.64, 13.07)	1月14日 (71.36, 13.31)	1月15日 (72.09, 13.54)	1月16日 (72.81, 13.78)	1月17日 (73.50, 14.01)	1月18日 (74.14, 14.24)
1月19日 (74.84, 14.46)	1月20日 (75.51, 14.69)	1月21日 (76.17, 14.92)	1月22日 (76.81, 15.14)	1月23日 (77.43, 15.35)	1月24日 (78.04, 15.57)	1月25日 (78.65, 15.78)
1月26日 (79.24, 15.99)	1月27日 (79.82, 16.20)	1月28日 (80.41, 16.41)	1月29日 (81.00, 16.62)	1月30日 (81.59, 16.84)	1月31日 (82.17, 17.05)	

注 每个单元格括号内第1个数据为对应日期的冰厚（cm），第2个数据为对应日期的冰层承载力（t）。

表 6-6 嫩江齐齐哈尔段 2 月冰厚及无裂缝冰层在短期荷载作用下承载力日历

						2月1日 (82.72, 17.25)
2月2日 (83.27, 17.45)	2月3日 (83.80, 17.65)	2月4日 (84.32, 17.84)	2月5日 (84.83, 18.03)	2月6日 (85.32, 18.55)	2月7日 (85.80, 18.40)	2月8日 (86.26, 18.57)
2月9日 (86.72, 18.75)	2月10日 (87.19, 18.93)	2月11日 (87.66, 19.11)	2月12日 (88.12, 19.29)	2月13日 (88.57, 19.46)	2月14日 (89.00, 19.63)	2月15日 (89.44, 19.80)
2月16日 (89.86, 19.96)	2月17日 (90.26, 20.12)	2月18日 (90.56, 20.27)	2月19日 (91.03, 20.42)	2月20日 (90.40, 20.57)	2月21日 (91.76, 20.71)	2月22日 (92.12, 20.86)
2月23日 (92.48, 21.00)	2月24日 (92.82, 21.14)	2月25日 (93.14, 21.27)	2月26日 (93.45, 21.39)	2月27日 (93.74, 21.51)	2月28日 (94.03, 21.63)	

注 每个单元格括号内第1个数据为对应日期的冰厚（cm），第2个数据为对应日期的冰层承载力（t）。

在长期荷载作用下冰层承载力比在短期荷载作用下小 3～5 倍，偏于安全考虑，长期荷载作用下的承载力取短期荷载作用下的 1/5，得到每年冬季嫩江齐齐哈尔段无裂缝冰层在长期荷载作用下的承载力，如图 6-13 所示。嫩江齐齐哈尔段 12 月至次年 2 月冰厚及无裂缝冰层在长期荷载作用下的承载力日历见表 6-7～表 6-9。

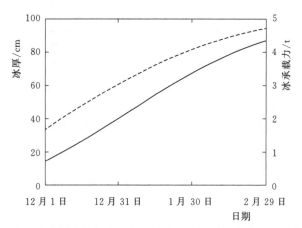

图 6-13 冰厚与无裂缝冰层在长期荷载作用下承载力随时间变化关系（嫩江齐齐哈尔段）

表 6-7   嫩江齐齐哈尔段 12 月冰厚及无裂缝冰层在长期荷载作用下承载力日历

12月1日 (33.51, 0.72)	12月2日 (34.45, 0.76)	12月3日 (35.43, 0.79)	12月4日 (36.44, 0.83)	12月5日 (37.47, 0.87)	12月6日 (38.44, 0.91)	12月7日 (39.43, 0.95)
12月8日 (40.39, 0.99)	12月9日 (41.32, 1.03)	12月10日 (42.27, 1.07)	12月11日 (43.21, 1.11)	12月12日 (44.12, 1.15)	12月13日 (45.04, 1.20)	12月14日 (45.97, 1.24)
12月15日 (46.87, 1.28)	12月16日 (47.75, 1.32)	12月17日 (48.63, 1.36)	12月18日 (49.49, 1.41)	12月19日 (50.33, 1.45)	12月20日 (51.20, 1.49)	12月21日 (52.07, 1.54)
12月22日 (52.96, 1.58)	12月23日 (53.84, 1.63)	12月24日 (54.71, 1.67)	12月25日 (55.56, 1.72)	12月26日 (56.41, 1.77)	12月27日 (57.25, 1.81)	12月28日 (58.10, 1.86)
12月29日 (58.92, 1.90)	12月30日 (59.73, 1.95)	12月31日 (60.55, 2.00)				

注 每个单元格括号内第 1 个数据为对应日期的冰厚（cm），第 2 个数据为对应日期的冰层承载力（t）。

表 6-8   嫩江齐齐哈尔段 1 月冰厚及无裂缝冰层在长期荷载作用下承载力日历

			1月1日 (61.39, 2.05)	1月2日 (62.22, 2.09)	1月3日 (63.03, 2.14)	1月4日 (63.83, 2.19)
1月5日 (64.60, 2.24)	1月6日 (65.34, 2.28)	1月7日 (66.07, 2.33)	1月8日 (66.82, 2.37)	1月9日 (67.59, 2.42)	1月10日 (68.36, 2.47)	1月11日 (69.12, 2.52)
1月12日 (69.88, 2.57)	1月13日 (70.64, 2.61)	1月14日 (71.36, 2.66)	1月15日 (72.09, 2.71)	1月16日 (72.81, 2.76)	1月17日 (73.50, 2.80)	1月18日 (74.14, 2.85)
1月19日 (74.84, 2.89)	1月20日 (75.51, 2.94)	1月21日 (76.17, 2.98)	1月22日 (76.81, 3.03)	1月23日 (77.43, 3.07)	1月24日 (78.04, 3.11)	1月25日 (78.65, 3.16)
1月26日 (79.24, 3.20)	1月27日 (79.82, 3.24)	1月28日 (80.41, 3.28)	1月29日 (81.00, 3.32)	1月30日 (81.59, 3.37)	1月31日 (82.17, 3.41)	

注 每个单元格括号内第 1 个数据为对应日期的冰厚（cm），第 2 个数据为对应日期的冰层承载力（t）。

表 6 - 9　　嫩江齐齐哈尔段 2 月冰厚及无裂缝冰层在长期荷载作用下承载力日历

						2 月 1 日 (82.72, 3.45)
2 月 2 日 (83.27, 3.49)	2 月 3 日 (83.80, 3.53)	2 月 4 日 (84.32, 3.57)	2 月 5 日 (84.83, 3.61)	2 月 6 日 (85.32, 3.64)	2 月 7 日 (85.80, 3.68)	2 月 8 日 (86.26, 3.71)
2 月 9 日 (86.72, 3.75)	2 月 10 日 (87.19, 3.79)	2 月 11 日 (87.66, 3.82)	2 月 12 日 (88.12, 3.86)	2 月 13 日 (88.57, 3.89)	2 月 14 日 (89.00, 3.93)	2 月 15 日 (89.44, 3.96)
2 月 16 日 (89.86, 3.99)	2 月 17 日 (90.26, 4.02)	2 月 18 日 (90.56, 4.05)	2 月 19 日 (91.03, 4.08)	2 月 20 日 (90.40, 4.11)	2 月 21 日 (91.76, 4.14)	2 月 22 日 (92.12, 4.17)
2 月 23 日 (92.48, 4.20)	2 月 24 日 (92.82, 4.23)	2 月 25 日 (93.14, 4.25)	2 月 26 日 (93.45, 4.28)	2 月 27 日 (93.74, 4.30)	2 月 28 日 (94.03, 4.33)	

注　每个单元格括号内第 1 个数据为对应日期的冰厚 (cm)，第 2 个数据为对应日期的冰层承载力 (t)。

　　同样，在得到冰厚前提下依照上节中计算有裂缝冰层承载力公式，计算每年冬季嫩江齐齐哈尔段有裂缝冰层在短期荷载作用下的承载力，如图 6 - 14 所示。嫩江齐齐哈尔段 12 月至次年 2 月冰厚及有裂缝冰层在短期荷载作用下的承载力日历见表 6 - 10～表 6 - 12。

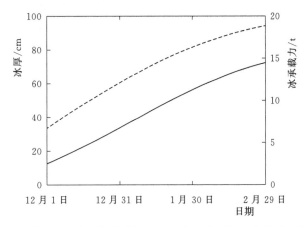

图 6 - 14　冰厚与有裂缝冰层在短期荷载作用下承载力随时间变化关系（嫩江齐齐哈尔段）

表 6 - 10　　嫩江齐齐哈尔段 12 月冰厚及有裂缝冰层在短期荷载作用下承载力日历

12 月 1 日 (33.51, 2.51)	12 月 2 日 (34.45, 2.63)	12 月 3 日 (35.43, 2.75)	12 月 4 日 (36.44, 2.88)	12 月 5 日 (37.47, 3.02)	12 月 6 日 (38.44, 3.15)	12 月 7 日 (39.43, 3.29)
12 月 8 日 (40.39, 3.42)	12 月 9 日 (41.32, 3.55)	12 月 10 日 (42.27, 3.69)	12 月 11 日 (43.21, 3.83)	12 月 12 日 (44.12, 3.96)	12 月 13 日 (45.04, 4.10)	12 月 14 日 (45.97, 4.24)
12 月 15 日 (46.87, 4.38)	12 月 16 日 (47.75, 4.52)	12 月 17 日 (48.63, 4.66)	12 月 18 日 (49.49, 4.80)	12 月 19 日 (50.33, 4.94)	12 月 20 日 (51.20, 5.08)	12 月 21 日 (52.07, 5.23)
12 月 22 日 (52.96, 5.38)	12 月 23 日 (53.84, 5.53)	12 月 24 日 (54.71, 5.69)	12 月 25 日 (55.56, 5.84)	12 月 26 日 (56.41, 5.99)	12 月 27 日 (57.25, 6.14)	12 月 28 日 (58.10, 6.30)
12 月 29 日 (58.92, 6.45)	12 月 30 日 (59.73, 6.60)	12 月 31 日 (60.55, 6.75)				

注　每个单元格括号内第 1 个数据为对应日期的冰厚 (cm)，第 2 个数据为对应日期的冰层承载力 (t)。

表 6-11　　嫩江齐齐哈尔段 1 月冰厚及有裂缝冰层在短期荷载作用下承载力日历

			1月1日 (61.39, 6.91)	1月2日 (62.22, 7.07)	1月3日 (63.03, 7.23)	1月4日 (63.83, 7.39)
1月5日 (64.60, 7.54)	1月6日 (65.34, 7.69)	1月7日 (66.07, 7.84)	1月8日 (66.82, 7.99)	1月9日 (67.59, 8.15)	1月10日 (68.36, 8.31)	1月11日 (69.12, 8.47)
1月12日 (69.88, 8.63)	1月13日 (70.64, 8.79)	1月14日 (71.36, 8.94)	1月15日 (72.09, 9.10)	1月16日 (72.81, 9.25)	1月17日 (73.50, 9.40)	1月18日 (74.14, 9.55)
1月19日 (74.84, 9.70)	1月20日 (75.51, 9.85)	1月21日 (76.17, 10.00)	1月22日 (76.81, 10.15)	1月23日 (77.43, 10.29)	1月24日 (78.04, 10.43)	1月25日 (78.65, 10.57)
1月26日 (79.24, 10.70)	1月27日 (79.82, 10.84)	1月28日 (80.41, 10.98)	1月29日 (81.00, 11.12)	1月30日 (81.59, 11.26)	1月31日 (82.17, 11.40)	

注　每个单元格括号内第 1 个数据为对应日期的冰厚（cm），第 2 个数据为对应日期的冰层承载力（t）。

表 6-12　　嫩江齐齐哈尔段 2 月冰厚及有裂缝冰层在短期荷载作用下承载力日历

						2月1日 (82.72, 11.53)
2月2日 (83.27, 11.66)	2月3日 (83.80, 11.79)	2月4日 (84.32, 11.92)	2月5日 (84.83, 12.04)	2月6日 (85.32, 12.16)	2月7日 (85.80, 12.28)	2月8日 (86.26, 12.39)
2月9日 (86.72, 12.51)	2月10日 (87.19, 12.63)	2月11日 (87.66, 12.74)	2月12日 (88.12, 12.86)	2月13日 (88.57, 12.97)	2月14日 (89.00, 13.08)	2月15日 (89.44, 13.19)
2月16日 (89.86, 13.30)	2月17日 (90.26, 13.41)	2月18日 (90.56, 13.51)	2月19日 (91.03, 13.60)	2月20日 (90.40, 13.70)	2月21日 (91.76, 13.79)	2月22日 (92.12, 13.89)
2月23日 (92.48, 13.98)	2月24日 (92.82, 14.07)	2月25日 (93.14, 14.15)	2月26日 (93.45, 14.24)	2月27日 (93.74, 14.32)	2月28日 (94.03, 14.39)	

注　每个单元格括号内第 1 个数据为对应日期的冰厚（cm），第 2 个数据为对应日期的冰层承载力（t）。

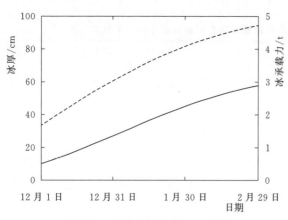

图 6-15　冰厚与有裂缝冰层在长期荷载作用下
承载力随时间变化关系（嫩江齐齐哈尔段）

在长期荷载作用下冰层承载力比在短期荷载作用下小 3~5 倍，偏于安全考虑，长期荷载作用下的承载力取短期荷载作用下的 1/5，得到每年冬季嫩江齐齐哈尔段有裂缝冰层在长期荷载作用下的承载力，如图 6-15 所示。嫩江齐齐哈尔段 12 月至次年 2 月冰厚及有裂缝冰层在长期荷载作用下的承载力日历见表 6-13~表 6-15。冰厚及冰层承载力日历可为冰上沉排设计和施工提供参考。

表 6-13　嫩江齐齐哈尔段 12 月冰厚及有裂缝冰层在长期荷载作用下承载力日历

12月1日 (33.51, 0.50)	12月2日 (34.45, 0.53)	12月3日 (35.43, 0.55)	12月4日 (36.44, 0.58)	12月5日 (37.47, 0.60)	12月6日 (38.44, 0.63)	12月7日 (39.43, 0.66)
12月8日 (40.39, 0.68)	12月9日 (41.32, 0.71)	12月10日 (42.27, 0.74)	12月11日 (43.21, 0.77)	12月12日 (44.12, 0.79)	12月13日 (45.04, 0.82)	12月14日 (45.97, 0.85)
12月15日 (46.87, 0.88)	12月16日 (47.75, 0.90)	12月17日 (48.63, 0.93)	12月18日 (49.49, 0.96)	12月19日 (50.33, 0.99)	12月20日 (51.20, 1.02)	12月21日 (52.07, 1.05)
12月22日 (52.96, 1.08)	12月23日 (53.84, 1.11)	12月24日 (54.71, 1.14)	12月25日 (55.56, 1.17)	12月26日 (56.41, 1.20)	12月27日 (57.25, 1.23)	12月28日 (58.10, 1.26)
12月29日 (58.92, 1.29)	12月30日 (59.73, 1.32)	12月31日 (60.55, 1.35)				

注　每个单元格括号内第 1 个数据为对应日期的冰厚（cm），第 2 个数据为对应日期的冰层承载力（t）。

表 6-14　嫩江齐齐哈尔段 1 月冰厚及有裂缝冰层在长期荷载作用下承载力日历

			1月1日 (61.39, 1.38)	1月2日 (62.22, 1.41)	1月3日 (63.03, 1.45)	1月4日 (63.83, 1.48)
1月5日 (64.60, 1.51)	1月6日 (65.34, 1.54)	1月7日 (66.07, 1.57)	1月8日 (66.82, 1.60)	1月9日 (67.59, 1.63)	1月10日 (68.36, 1.66)	1月11日 (69.12, 1.69)
1月12日 (69.88, 1.73)	1月13日 (70.64, 1.76)	1月14日 (71.36, 1.79)	1月15日 (72.09, 1.82)	1月16日 (72.81, 1.85)	1月17日 (73.50, 1.88)	1月18日 (74.14, 1.91)
1月19日 (74.84, 1.94)	1月20日 (75.51, 1.97)	1月21日 (76.17, 2.00)	1月22日 (76.81, 2.03)	1月23日 (77.43, 2.06)	1月24日 (78.04, 2.09)	1月25日 (78.65, 2.11)
1月26日 (79.24, 2.14)	1月27日 (79.82, 2.17)	1月28日 (80.41, 2.20)	1月29日 (81.00, 2.22)	1月30日 (81.59, 2.25)	1月31日 (82.17, 2.28)	

注　每个单元格括号内第 1 个数据为对应日期的冰厚（cm），第 2 个数据为对应日期的冰层承载力（t）。

表 6-15　嫩江齐齐哈尔段 2 月冰厚及有裂缝冰层在长期荷载作用下承载力日历

						2月1日 (82.72, 2.31)
2月2日 (83.27, 2.33)	2月3日 (83.80, 2.36)	2月4日 (84.32, 2.38)	2月5日 (84.83, 2.41)	2月6日 (85.32, 2.43)	2月7日 (85.80, 2.46)	2月8日 (86.26, 2.48)
2月9日 (86.72, 2.50)	2月10日 (87.19, 2.53)	2月11日 (87.66, 2.55)	2月12日 (88.12, 2.57)	2月13日 (88.57, 2.59)	2月14日 (89.00, 2.62)	2月15日 (89.44, 2.64)
2月16日 (89.86, 2.66)	2月17日 (90.26, 2.68)	2月18日 (90.56, 2.70)	2月19日 (91.03, 2.72)	2月20日 (90.40, 2.74)	2月21日 (91.76, 2.76)	2月22日 (92.12, 2.78)
2月23日 (92.48, 2.80)	2月24日 (92.82, 2.81)	2月25日 (93.14, 2.83)	2月26日 (93.45, 2.85)	2月27日 (93.74, 2.86)	2月28日 (94.03, 2.88)	

注　每个单元格括号内第 1 个数据为对应日期的冰厚（cm），第 2 个数据为对应日期的冰层承载力（t）。

6.5 冰上沉排施工技术

冰上沉排施工的主要程序：冰面处理—铺设土工布—排体制作—排体的连接与锚固—排体压载—沉排。冰上沉排的施工时间不能过长，在压载的情况下施工时间不能超过 10 天，防止冰层在长时间重载下突然破坏下沉，发生危险。当石笼沉排厚度大于 40cm，冰层初期厚度不宜小于 60cm，施工期最高气温不高于 −5℃。若石笼沉排厚度大于 50cm，冰层初期厚度不宜小于 70cm。

冰上沉排施工时主要按以下步骤进行：冰面基本处置—土工布铺设—制作排体—排体连接、锚固—排体压载—下放沉排。沉排施工时间和气温条件对沉排施工会产生显著影响，因此，在有压载的情况下施工沉排时间不能超过 10 天，防止时间过长冰层破坏，达不到应有的承载力导致在重载下突然破坏下沉，发生危险。当石笼沉排厚度大于 50cm，冰层厚度不宜小于 70cm；当采用石笼沉排时，对于排体厚度不宜小于 40cm，冰厚不宜小于 60cm，施工期最高气温不高于 −5℃。

在开工前做好各项技术准备，做好"四通一平"、临建工程等工作。施工单位应指定专人负责对现有的岸线、边坡进行复测，建立水准控制网，绘制测量控制平面图。施工测量的精度指标见表 6-16。

表 6-16　　　　　　　　　　　　施 工 测 量 精 度

平面位置允许偏差	±30～±40mm
高程允许偏差	±30mm
坡面不平整度的相对高度差允许范围	±30mm

6.5.1 冰面处理

在沉排施工前，首先要进行冰面处理，即清除对冰面不利的施工条件：突出冰块、积雪、垃圾杂质和尖刺物等，同时为确保冬季冰面作业时人员生命安全问题，要对冰面进行破裂程度和厚度的初期检查。为满足施工机械承载力和施工作业人员安全，增加冰面厚度提高承载力，可根据工程所在地气象部门提供的气温等资料，沿岸坡每隔 10～20m 距离凿冰勘测冰层厚度，对冰层厚度达不到 0.8 m 的冰面进行洒水增加冰厚。人工浇注是在冰面上铺柳条并分期洒水冻结，同时对有裂缝的冰面充水冻结。人工浇注一次浇注厚度不宜过大，必须保证浇注面均匀，且保证浇筑后冰面结合紧密，等冰层冻实后再进行下一层浇注，直到冰层厚度达到施工要求（厚度至少应达 80cm）。冰面加筋则是通过在冰面上铺圆木或柳条等材料再洒水冻结，既可以缩短冻结时间，又能达到提高冰承载力的目的，对于冰层上有雪部位应将雪清至施工区范围外，避免由于积雪的褥垫作用减少冰层的进一步加厚。

6.5.2 排布及沉排铺设

为使软体沉排有良好的整体性，在排布铺设时缝合成整体铺设中排布不能紧。特别水下地形复杂地段，排布松弛度不小于 10%。石笼框格压载连续铺设，横竖网格牢固连接，以保证排体整体性。在石笼封口时采用"铅丝石笼快速封口技术"，一种利用电能或机械能减小手动角度的技术，封口过程中完全手动变速，任意调节旋转方向。

6.5.3　沉排锚固

对于水下地形条件不良，如出现陡坎的情况或有其他不利因素干扰时，可能会导致坡面抗滑稳定性计算结果出现误差，为弥补可能产生的计算误差，可在排体下沉时向其施加下沉力或对排首位置进行锚固。

6.5.3.1　锚固方法

（1）锚固槽法。平整锚固位置后预挖一条锚固槽，锚固槽深度大于 50cm，待筋绳和排布铺设完毕后，再安放铁丝石笼或浇筑混凝土（当产生的拉应力较小时可不必浇筑混凝土，此时填土夯实即可），最后将排体拴紧即可。

（2）打桩锚固。确定锚固位置以后，沿顺岸坡方向打一排承拉桩，将筋绳拴在承拉桩上。根据排体下滑力确定承拉桩埋设间距和深度。软体排锚固位置作为护底和水上护坡的交叉位置是施工的关键，为尽可能避免冲刷破坏，可将上部护坡土工材料锚固在锚固槽内，此时锚固深度应大于 30cm；当采用搭接方式连接时，搭接宽度应大于 50cm。上部护坡面层与压载体之间应平顺紧密连接。

6.5.3.2　锚固力

施工过程中，当排体处于悬浮状态时会产生一定大小的下拉力，下拉力在排体沉放至坡面位置时达到最大状态。此时，忽略排体下部小块冰产生的浮托力来计算下滑力。

$$T > G\sin\alpha \tag{6-5}$$

式中　　T——排体锚固力，kN；

$\quad\quad\ G$——排体重力，kN；

$\quad\quad\ \alpha$——排体的坡角，可取岸坡水平夹角，(°)。

6.5.4　沉排沉放

为使软体沉排有良好的整体性，在排布铺设时缝合成整体铺设中排布不能紧。特别水下地形复杂地段，排布松弛度不小于 10%。石笼框格压载连续铺设，横竖网格牢固连接，以保证排体整体性。

排体沉放前，排首应牢固地固定在岸坡上，以防排体沉放时沿冰层滑入水中，改变排体位置，与设计不符，达不到预期效果。排体锚固可采用锚固槽法或打桩锚固。采用锚固槽法时，锚固槽可设在枯水位处、排首端或排尾与护坡结合处。锚固槽内一般为石笼或砌石，锚固槽底可根据工程条件考虑是否设置锚固筋。锚固槽深度一般不小于 50cm。采用打桩锚固时，应在排首端间隔 2m 打锚固桩，桩长 3m，用锚固绳或 8 号铁线将排体与锚固桩连接牢固，防止沉放时排体下移或在冰块撞击下发生排体散花，影响沉排质量。软体排锚固时，锚固桩设在护底与上部护坡的分界线处，将用作上部护坡垫层的土工织物下端锚入锚固槽中，锚入深度不应小于 30cm，也可采取垫层土工织物与排布搭接方式，搭接宽度不宜小于 50cm，两者应贴合紧密，最好加以缝合。上部护坡面层与软体排压载体之间应连接平顺，不得凹凸不平。

铺排、沉排均在冰上一次完成，排体应连成整体和具有一定的柔性。排的前端和两侧应加重边载。施工时间不宜过长，在石笼压载的情况下，冻结期施工时的冰厚以不小于 60cm 为宜，施工时间以控制在 20 天左右为宜。软体排沉放前，排首应牢固地锚固在岸坡上，以防排体沉放时滑入水中。冰上沉排深水位置宜采取强迫沉排方法，特别是在深水中和单块排体面积很大的情况下，以控制排体能均匀下沉，加快沉排速度。

7 冰上沉排施工技术导则

7.1 前 言

我国北方的河道岸坡整治，以往大多采用丁坝群体的坝式护岸工程措施，但此种方法容易出现水毁反复，整治效果并不理想，并且在春、夏、秋季节河流常伴有大汛，施工工期和场地受到很大限制。利用寒区江河冬季冰封、江水位较低利于护岸工程施工的特点，采取冰上沉排是我国北方寒冷地区进行河岸岸坡和底脚防护最为简单有效、可行的办法。这种方法可使岸坡与部分河床连接成为一个整体，避免江水淘空基础，保护岸坡的整体稳固。

冰上沉排主要应用于寒区的江河险工整治，施工时充分利用了寒区江河冬季枯水期冰封的特点，实施冰面施工作业。沉排施工待冬季冰封后，在江河的冰面上进行，待春季解冻时软体排自然沉没于水底，发挥了护坡、护脚防冲淘的工程作用。这种因地制宜的施工作业新方法，避免了传统的水下作业不易控制施工质量的弊病。本技术导则主要内容包括：

——材料；

——施工工艺；

——施工质量控制；

——验收。

7.2 规范性引用文件

下列文件中的条款通过本标准的引用而成为本标准的条款。凡是注明日期的应用文件，其随后所有的修订单（不包括勘误的内容）或修订版均不适用于本标准，然而，鼓励根据本标准达成协议的各方，研究是否可使用这些文件的最新版本。凡是不注明日期的引用文件，其最新版本适用于本标准。

SL 260—98 堤防工程施工规范

GB 50286—2013 堤防工程设计规范

ISBN 978-7-5084-4326-3 堤防工程施工工法概论

ISBN 978-7-5084-3214-4 堤防工程探测、监测与检测

ISBN 978-7-5084-3329-5 沉排法

ISBN 978-7-5084-1146-0 堤防加固工程施工技术条件与招标导引

SDJ 207—82 水工混凝土施工规范

SL 634—2012 堤防工程施工质量验收评定标准
SL 223—2008 水利水电建设工程验收规程

7.3 总 则

为满足我国寒区江河岸坡防护工程建设的需要，提供科学、合理、可行的设计依据和施工方法，提高岸坡工程安全性和耐久性，特编制本导则。

本导则适用于我国寒区江河岸坡工程的设计与施工。边坡防护结构冰上施工技术的设计与施工应贯彻下列基本原则：

(1) 本导则主要针对嫩江冬季边坡防护结构的设计和施工；

(2) 充分掌握工程所在地区有关冰冻以及边坡工程特点等基础资料；

(3) 边坡防护结构设计和施工应本着因地制宜和方便实施的原则，力求达到技术可行、安全耐久和经济合理。

边坡防护结构冰上施工技术的设计与施工除应符合本导则外，尚应符合国家现行有关标准的规定。

7.4 术 语

(1) 沉排：沉排是用来护岸、护底防止水流冲刷的河道整治建筑物，传统又名柴排。沉排是将梢料、薪柴、块石、混凝土块等用绳或铅丝结扎成把、网，编成上下两层网格，其间平铺梢料或薪柴，再用麻绳或铅丝结扎成排，运到沉放地，排上压石料，沉至河底，用来护岸或护底，防止水流淘刷。

(2) 冰上沉排：冰上沉排是在寒区封冻江河冰上进行施工的沉排。

(3) 护坡：防止堤防边坡受水流、雨水、风浪的冲刷侵蚀而修筑的坡面保护设施。

(4) 铰链混凝土沉排：主要指用钢铰链将混凝土预制块相互连接构成的既可抗冲又可适应不同表面形态的柔性排体。

(5) 模袋沉排：又称为土工模袋混凝土/水泥砂浆沉排。主要是指由上下两层土工织物制成的大面积连续袋块材料——模袋，其袋内充填混凝土或水泥砂浆，充填料凝固后即形成岸/坡防护体。

(6) 软体沉排：指用土工织物缝接成大尺寸反滤排布，排布上加压重以形成抗冲防护结构。它包括压载软体沉排和充砂管袋软体沉排。或者指用尼龙绳网加筋结合石笼框格与砂土袋混合压载形成的整体结构，是在冰面上进行沉排施工的治河新技术。

(7) 沉长：指排体与水流正交方向的长度。

(8) 排宽：指顺水流方向一次沉放的单块排体的宽度。

7.5 沉 排 材 料

7.5.1 石笼沉排的主要材料

石笼由铅丝或镀锌合金钢丝编织网目作成笼网、笼盖和笼底及其反滤层土工布，连同铺砌在笼网内的块石，汇集起来就有金属类、土工合成材料类，另加上天然石料。

（1）铅丝或镀锌合金钢丝织网性能。采用铅丝或镀锌合金钢丝织网以构成石笼，主要是解决散体抛石中在较大水流流速（≥2m/s）下易于冲移而缺乏的整体性问题。

在我国，主要采用合金钢丝并多以手工编织网笼，详细指标见表7-1；在国外，则采取机械焊接铁丝网笼方式较普遍，详细指标见表7-2。

表7-1 石笼用合金钢丝网性能指标

合金钢丝 /mm	平均网眼 /cm	耐腐 /(mm/a)	抗拉强度 /(N/mm²)	打结率 (抗拉强度的%)	硬度 δ (HV0.5)	伸长率 /%	承载强度 /(N/m²)
Φ0.6±0.01	2×2	≤0.01	≥1700	≥50	≥200	≤20	12000
Φ1.0±0.01	6×6	≤0.01	≥1700	≥50	≥500	≤0~4	22000
Φ1.0±0.01	10×10	≤0.01	≥1600	≥50	≥500	≤0~4	13000
Φ1.25±0.01	10×10	≤0.01	≥1500	≥50	≥400	≤0~4	19000
Φ1.5±0.01	10×10	≤0.01	≥1500	≥50	≥400	≤0~4	26000
Φ1.5±0.01	15×15	≤0.01	≥1500	≥50	≥400	≤0~4	17000
Φ2.0±0.01	15×15	≤0.01	≥1500	≥50	≥400	≤0~4	30000
Φ2.0±0.01	20×20	≤0.01	≥1500	≥50	≥400	≤0~4	23000
Φ2.0±0.01	25×25	≤0.01	≥1500	≥50	≥400	≤0~4	18000

表7-2 铁丝网性能指标

铁丝 名称	铁丝直径 /mm	镀锌厚度[1] /(×10⁻⁶mm)	镀锌量 /(g/m²)	网眼规格 /mm	注[2]
轻质铁线	Φ3.0	≥32	230	50×50；50×75	欧美采用焊接铁网石笼始于20世纪70年代；韩国始于90年代；中国与2003年在通县公路首次使用
	Φ4.0	≥32	250	75×75；100×100	
	Φ4.5	≥32	260	150×150；200×200	

① 按GB/T 15393—94《钢丝镀锌》中AA1级标准，与美国河工网笼技术标准一致。
② 条件允许可采用PC镀锌钢丝作网目。其技术指标为：抗拉强度1100MPa；镀锌质量不小于300g/m²；公差代数和不大于±0.01mm；直线性每米天然矢高不大于30mm；弹模不小于2×105MPa；松弛率不大于8%。

（2）岩石分类及特征、性能。原则上讲，作为石笼铺砌的岩石，无论是岩浆岩，还是沉积岩，或者变质岩，只要块石具有足够地强度、长宽比适当，并具有堆砌光滑的级配曲线、且级配良好，所有岩石均可采用。用于石笼的铺砌岩石，其上、下限尺寸范围应控制在：

$$\frac{\omega_{100}}{\omega_{50}} = 2 \sim 5$$

$$\frac{\omega_{85}}{\omega_{50}}=1.7\sim 3.3$$

$$\frac{\omega_{85}}{\omega_{15}}=4\sim 12$$

$$\frac{\omega_{15}}{\omega_{50}}=0.1\sim 0.4$$

式中 ω_x——岩石重量，$x=15$，50，85，100，岩石比重一般要求在 2.5～2.7 之间。

块石的长宽比要求：70%的块石长宽比小于 2.5；85%的块石长宽比小于 3.0；100%的块石小于 3.5。岩石强度应不小于 60MPa。

7.5.2 土工织物软体沉排的主要材料

土工织物软体排主要材料有两类：一是制作充砂管袋与砂垫的土工布；二是砂料。

(1) 土工布。土工布即土工合成材料，是一种似布非布色彩深浅不一的新型建筑材料。包括短纤针刺土工布、长丝纺粘针刺非织造土工布、长丝机织土工布和裂膜丝机织土工布等。用于软体排的土工布，主要是 KL 系列高强机织土工布（内含反滤布、模袋布、防渗布和复合布），见表 7-3。

(2) 砂料。用于充砂长管袋及砂垫中的材料，是不同粒径的中粗砂与粗砂（见表 7-4）。

表 7-3　　　　机织土工布常规品种技术参数

名称	单位	技 术 指 标										
规格		KL—150	KL—160	KL—190	KL—210	KL—230	KL—260	KL—300	KL—360	KL—600	KL—650	KL—800
质量	g/m²	150	160	190	210	230	260	300	360	600	650	800
径向强度	N/5cm	1700	1900	2300	2500	2900	3300	3500	4200	8000	8500	11000
径向伸长度	%	33	33	33	33	33	35	33	33	33	35	35
纬向强度	N/5cm	1650	1800	2200	2400	2700	3200	3300	4000	7200	7500	10000
纬向伸长率	%	28	28	28	28	28	30	28	28	28	30	30
顶破强度	N	3500	3600	4200	5000	5500	6000	7500	8500	13000	14000	17500
孔径 O_{95}	mm	0.30	0.32	0.16	0.07	0.08	0.08	0.07	0.10	0.20	0.23	0.25
垂直渗透系数	cm/s	0.009	0.007	0.003	0.001	0.001	0.003	0.001	0.003	0.001	0.001	0.009

表 7-4　　　　用于软体沉排的砂料参数

名称	平均粒径/mm	含泥量/%	不均匀系数 d_{50}/d_{10}	渗透系数/(cm/s)	适用
中粗砂	0.45～1.3	<3	2.5～7.9	$1\times10^{-2}\sim1\times10^{-3}$	砂管袋
粗砂	1.3～2.6	3～6	5	$10^{-3}\sim10^{-4}$	砂垫

7.5.3 铰链式模袋混凝土沉排的主要材料

模袋布/反滤布；水泥；中、粗砂；铰链绳；加肋绳等。通常，用于铰链式模袋混凝土沉排的反滤布为针刺无纺布或高强机制织土工布，其性能指标分别见表 7-5 和表 7-6。

用于铰链式模袋混凝土沉排材料—模袋布参数见表7-7和表7-8。用于铰链式模袋混凝土沉排材料—铰链绳参数见表7-9。

表 7-5　　　　　　　　　　针刺无纺布性能指标

项　目	力学指标	项　目	力学指标
规格	400g/m²	纵向断裂强度/(N/5cm)	≥650
孔隙率/%	≥90	横向断裂强度/(N/5cm)	≥800
渗透系数/(cm/s)	≥10⁻¹	梯形断裂强度/N	≥400
等效孔径/mm	0.11	圆球顶破强度/N	≥1000

表 7-6　　　　　　　　　　高强机织土工布性能表

材料	窄样条拉伸				梯形撕裂强度/kN		CBR 顶破强度/kN	垂直渗透系数/(cm/s)	等效孔径 O_{95}
	断裂强度/(N/5cm)		断裂伸长率/%						
200g±5g 高强机织土工布	$T≥3.01$	$W≥2.46$	$T≤34.6$	$W≤17.8$	$T≥1.00$	$W≥1.02$	≥6.79	$1×10^{-2}$	0.09

注　T 为纵向；W 为横向。

表 7-7　　　　　　　　　　模 袋 布 基 本 特 性 表

物理性能	单层重量/(g/m²)	340.1
	单层厚度/mm	0.55
力学特性	抗拉强度/(N/cm)	经 5679~6564
		纬 5358~6009
	伸长率/%	经 14.5~21
		纬 16.9~18.5
	顶破强度/N	1618.7
水利特性	有效孔径/mm	0.084
	渗透系数/(cm/s)	$8.60×10^{-4}$

表 7-8　　　　　　　　　　衬 底 土 工 布 性 能 表

材料	窄样条拉伸		梯形撕裂强度/kN		CBR 顶破强度/kN	垂直渗透系数/(cm/s)	等效孔径 O_{95}/mm
	断裂强度/(kN/5cm)	断裂伸长率/%					
380g±5g 高强机织土工布	$T≥3.42$	$W≥4.36$	$T≤34.6$	$W≤17.8$	$T≥1.80$ $W≥1.84$	≥12.2	$1×10^{-2}$ 0.05

注　T 为纵向；W 为横向。

表 7-9　　　　　　　　　　　　聚乙烯绳性能参数表

直径/mm	单位重/(g/m)	捆长/m	极限抗拉强度/kN	允许偏差/%
Φ6	20	600	2.03	±10
Φ8	36	300～600	10.90	±10
Φ10	54	300	7.85～16.70	±10
Φ12	78	300	11.3	±10

注　聚乙烯绳功能：将块石形成整体；Φ6用于平行水流方向，间距1m；Φ10用于编制0.25×0.25（m）网格；Φ12用于垂直水流方向，间距0.5m。

充填模袋的混凝土之水泥、砂和石料配合比。沉排工程中常用的模袋混凝土沉排材料，主要是325号或425号普通硅酸盐水泥、砂和石料三种。其经验配合比，见表7-10。

表 7-10　　　　　　铰链式模袋混凝土沉排的材料及其配合比

经验配合比序号	水泥：砂：石	估计水泥用料/(kg/m³)	注
1	1：2.56：2.098	350	以含气量5%、水灰比0.65计
2	1：2.73：2.030	335	
3	1：3.08：2520	308	

7.6　施　工　工　艺

7.6.1　石笼沉排施工工艺

7.6.1.1　石笼的型式与规格

我国石笼沉排的型式主要有标准型、管式、箱式与垫式四类（表7-11）。用于石笼铺砌的石块级配见表7-12。

表 7-11　　　　　　　　国内常用的铁（铅）丝石笼规格

名称型式	笼/箱　规格/m				网目直径/mm			
	宽	高	长	直径	形状	宽	长	丝径
标准型	0.9	0.9	2.8		六角形	80	100	3.0
管式			1.3	Φ0.8	六角形	60	80	2.7
			2.5	Φ0.8	六角形	60	80	2.7
			5.0	Φ1.0	六角形	80	100	3.0
			9.0	Φ1.2	六角形	80	100	3.0
箱式	1.0	1.0	1.5		六角形	80	100	≥2.7
	1.0	1.0	2.0		六角形	80	100	≥3.4
	1.0	1.0	4.5		六角形	100	100	3.5
	1.0	1.0	6.5		六角形	100	100	4.0
	1.0	1.0	8.5		六角形	100	100	4.0
垫式	2.0	0.3	6.0		六角形	60	80	≥2.2
	0.9	0.3	3.7		六角形	60	60	2.7

表 7-12　　　　　　　　　　　　石笼铺砌石块参考级配　　　　　　　　　　　　　　%

岩　类	岩　石	石料粒径/cm					
		1.0	5.0	10.0	15.0	20.0	>20.0～<40.0
岩浆岩	花岗岩或玄武岩	5	5	5	5	80	
沉积岩	硬质灰岩			10	20	70	
变质岩	石英岩	5	5	10	10	60	10

目前，我国在治河工程中应用的铅丝笼网还处在传统的人工作坊阶段。根据 1996 年 2 月黄河水利委员会制定的《河道治理堤坝工程用铅丝笼施工技术规格》（试行）中手工编织笼网的工序要求是：按笼网网片设计尺寸，首先场地钉桩，其次截框架（边条第三截网条，第四盘条，第五编网）。该办法在结网时，必须将铅丝双条拧转两周，并互结成菱形或六角形网目（如图 7-1 所示），否则难以成网。

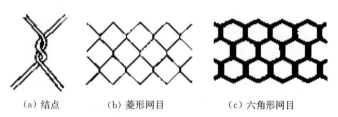

（a）结点　　　　　（b）菱形网目　　　　（c）六角形网目

图 7-1　手编铅丝笼示意图

手编铅丝笼存在着：编织速度慢、费劳力、耗材多、成本高和搬运难等缺点。特别是人工操作，网目大小难以控制。网缘扭结处松紧程序不一，致使网丝受力不匀，不能有效地发挥铅丝的受拉性能，难以达到现行工程施工规程的要求，已成为冰上沉排在施工速度和质量造价等方面进行有效控制的一大难题。而国外，多采用机制，并主要是管式铅丝石笼，具体参数见表 7-13。

表 7-13　　　　　　　　　　　　国外机制金属石笼参数

石笼尺寸/m		石笼容积/m³	一个石笼网的重量/kg	
			镀锌涂层	镀锌和聚氯乙烯涂层
长度	直径		金属丝直径（3mm）	金属丝直径 2.7mm 加 3.7mm 厚的涂层
2	0.65	0.65	10.0	9.4
3	0.65	1.00	13.5	9.4
2	0.95	1.40	15.7	15.2
3	0.95	2.15	21.0	20.2

7.6.1.2　石笼沉排关键技术

石笼之所以长用不止，在于其岸坡护底（脚）抗冲的效果上。理论与实践分析证明，将铅丝或合金钢（铁）丝网内铺砌（装）块石时，其在水中阻碍漂移能力较同样数量与质量的散抛块石要增加 1 倍以上。

散抛块石结构一旦被水流冲垮，其铺设厚度改变，随之便出现递增式毁坏。而石笼因具透水性与柔软性，经急流冲击后，产生的变化表现为蠕动、其基本结构——笼框与填石仍保持不变，因而容易在水流冲击下达到新的平衡。试验还表明，对于散抛块石护底（脚）一般适于水流流速 2m/s 以下，而石笼护底（脚）最高达到 6m/s 流速还能稳固不垮，故在实际应用时，一般取 3～4m/s 流速作为石笼沉排岸坡防护的标准甚为保险。

石笼沉排关键技术就是网目使相互独立的块石构成一个整体，沉排后，网笼与网笼之间进一步串接，按"以小拼大"方式形成更大整体。于是，块石的间隙增多、块石凹凸不平的表面则可起到分解波浪、减缓流速和降低冲击强度的作用，以求防冲、消能和促淤。同时，笼网的柔性能充分密实笼网之间空隙，于是，又有效地阻止了水流对岸坡堤基的淘刷，保证了堤坝底（脚）基础的稳定，归结一点，石笼关键技术在于长方形或六角形的网目编织及笼网块石不破上。最终使得石笼沉排的整体性、柔软性和坚固性三者合一。

7.6.1.3 石笼与网护技术控制要点：

（1）石笼的技术控制要点：

1）铅丝笼一般以 3 号铅丝作经条，用 12 号铅丝结成各种大小的长方形网片，网孔大小不宜大于 $2cm^2$，装石容积 $1～3m^3$；

2）石料以一般石块或小块石为准；

3）石笼应自下而上层层上抛，尽量避免笼与笼接头不严的现象，由下游而上游抛完第一层再抛第二层，上下笼头互相间错、紧密压茬，石笼抛完后应摸洞一次，将笼顶部分和笼接头不严处，用大石块抛填整齐。

（2）网护的技术控制要点：

1）铅丝网护，编成 34cm 或 46cm 的长方形或六角形网片，并用 12 号三股铅丝作底勾绳以加强联系；

2）网护部位：应在低水面以下、根石冲揭走失较严重的处所。其护面的长度一般 3～4cm，最多不宜超过 6cm；

3）摸清根石压坡面情况，必要时先抛一部分散石，铺平坡面，然后下网；

4）网片最好单独使用，以免部分损坏影响整体；

5）下网自下游头开始，网与网交压 3～5cm（裹头部分可做成下宽上窄的网片），个个相压护至上游头；

6）网内抛石均衡，使坡面平顺无坠破网片现象，坡度最好和原有根石坡度相同；

7）网片和底勾绳必须紧贴在石坡上，以免挂兜流，遭受破坏。

7.6.2 土工布软体排施工工艺
7.6.2.1 土工布的选择

用于软体沉排的土工布，不但要考虑使用环境中必备的物理化学性能，而且要注意材料成本。

（1）土工布性能主要考虑：

1）良好的机械物理性，尤其是抗水解性和湿态机械物理性能；

2）耐高、低温与耐紫外线辐射；

3）耐腐蚀、耐霉变、耐化学药品侵蚀；

4）良好的透水性。

（2）作为反滤布，必须选择具有下列"三性"的土工布：

1）保水性：防止被保护的土粒随水流流失；

2）渗水性：保证渗流水通畅排出；

3）防堵性：防止材料被细土粒堵塞失效。

以上"三性"被称为反滤三准则。

7.6.2.2　软体排铺设工艺

（1）首先将布排锚固，在布排排首挖 70cm、宽 55cm 深的槽，将排首铺好用格网块石压住，同时用钢钎固定于土层下，用加筋绳或铁线固定排身及排尾，使其不能沿水流方向有大的移动；

（2）装砂袋。用河对岸的砂将布袋装满，按 2cm 长的预留结扎绳将装好砂的布袋系好即可；

（3）在整个排好以后，在排周围冰层凿冰槽，在重力作用下整个排体下沉，达到设计要求。

7.6.3　铰链式模袋混凝土沉排施工工艺

7.6.3.1　铰链式模袋混凝土沉排施工工艺

（1）混凝土模袋地面基础整平。对起伏过大的河床地形需进一步整平（不平度取 ±15cm）。

（2）铺设模袋布。模袋布的铺设位置、长宽尺寸及各部高程必须符合设计要求。保证布面无折皱现象，松紧度一致。模袋布冰上铺放既要考虑模袋定位准确，还要考虑模袋充填以及下落过程中纵向和横向的收缩。

（3）混凝土模袋充灌。混凝土模袋充灌是极其关键的一道工序，充灌效果直接影响到混凝土强度，因此，混凝土模袋充灌要做到：①机械安装完毕后，先用高压水泵注射清水湿润料斗、分配阀及管道，然后泵送 1∶2 水泥浆 $1.5m^3$，并反复进行两次；同时要注意检查管道接头，以防水泥砂浆外渗；②混凝土灌注必须由远至近，从下而上按照注入口左、右、中的顺序水平、均衡地充灌，充填速度充填压力不小于 200kPa；③水深大于 1.5m 的部位采用流动性较好的砂浆充填，水泥砂子配合比为 1∶2.5，坍落度为 26cm，充填时将附近的灌注口扎紧；水深小于 1.5m 的部位采用细骨料混凝土充灌，以降低成本；④在混凝土模袋充灌过程中，设专人观察混凝土在模袋中的流态情况，准确判断混凝土的和易性及坍落度；⑤巡视检查混凝土输送管道接头是否漏浆、混凝土在管道内的流动声音等，发现异常及时处理；⑥每充完一排灌注孔后，由于模袋布纵向收缩，需适当放松顶部控制布的手拉葫芦。并应连续浇注，对已完工的岸上模袋护坡浇水养护。

7.6.3.2　铰链式模袋混凝土沉排铺排工艺

铰链沉排在最低枯水位以上、下铺 $250kg/m^3$ 无纺土工布时，采用冰上铺排。冰上铺排分以下三个步骤：

（1）平整江滩：铺排之前须对江滩进行平整，平整的方式是从系排梁的位置以 1∶3 的坡度进行平整，平整至最低水位线以下。

（2）平铺 $250kg/m^2$ 无纺土工布：按设计长度裁好土工布，然后用机械包缝，拼成可以方便施工的大块，卷成卷；从系排环的位置开始平铺，铺土载布的同时人工铺排体单元。土工布推铺至水面后改用小船拉。同时抛袋装砂，压土工布，防止土工布卷、折。块与块之间的重叠应大于 50cm。

（3）铺排：以系排梁为通道，用小型机械运输至现场。从系排梁开始铺，铺至水面结束，铺好后，用口形卡环相连。由于在冰面上，也可以直接用 O 形钢筋焊接相连。

冰上铺排监控的重点如下：

（1）严格按设计坡度修整，坡度只能大不能小，否则最低枯水位时，水下部分露出，其土工布难抗老化，造成土工布的损伤。

（2）修整时应剔除块石，防止块石折断块体或刺破土工布。

（3）不得使用预制或运输过程中造成损伤的块体。铺好后应检查，有缺陷的应剔除并集中堆放，并应计数，防止混用。

（4）检查每个接点是否牢固，是否焊好或上紧卡环，不得遗漏。

（5）旱地铺排部分不需要重叠，直接用 U 形环连成整体。

（6）土工布的接缝不得与系排梁平行，必须用机械包缝，不得简易缝制，相连两大块之间必须重叠 50cm。特别要注意水沉部分。

7.7　施 工 质 量 控 制

沉排施工质量控制和其他工法相同，它是目标控制—抗冲护底（脚）的重要内容并贯穿于施工阶段的事前、事中和事后的全过程。要想把沉排工程质量控制好，实践表明，就要抓关键、抓重点。

（1）事前控制的关键是建立监理交底工作制度；重点是监理工程师应及时对施工方的施工组织设计进行审查。

（2）事中控制的关键是坚持按监理实施程序办事。其重点：一要督促施工方（承包人）做好技术交底；二要督促施工方（承包人）做好自检、互检和专检；三是监理工程师要加强对沉排各工序质量的巡视、检查及重点工序的旁站监理；事中控制的另一关键是做好原材料诸如纲（铅）丝、块石、水泥、模袋布，铰链绳等、试件诸如混凝土填充体、块石铺砌体或试块的"见证取样"；关键是保持监理资料与施工进度同步以保证施工记载的真实性与完整性。

（3）事后控制的关键是严把竣工预验关。其重点是 GPS 定位量测仪器对沉排工程实体质量进行全面的检查、验收和评价，并提出工程质量评估报告。

7.7.1　石笼沉排质量控制
7.7.1.1　材质控制

（1）钢丝材料质量要求：

1）钢丝直径 $\phi \geqslant 2mm$；以 12 号钢丝结成网片，其网孔不大于 $2cm^2$；以 3 号钢丝作径条；

2）钢丝抗拉强度了 $T_s \geqslant 1500N/mm^2$；

3）钢丝表面处理要求：锌——5％铝——稀土合金镀层 $\geqslant 220g/m^2$。

（2）钢丝网笼质量要求：

1）钢丝网笼底部单位面积承载强度不小于 $35kN/m^2$；

2）单个钢丝网笼的展开面积不小于 $24.4m^2$；

3）钢丝网笼的网孔孔径 $\phi = 15 \sim 18cm$；

4）钢丝网笼的网孔打结率大于 50%。

（3）石料质量控制：

1）石质要坚硬、完整，遇水不易破碎或水解，其莫氏硬度在 $3 \sim 4$；

2）块石重度不小于 $2.6t/m^3$；

3）块石粒径在 $1.0 \sim 20cm$，特殊取 $20 \sim 40cm$；

4）单个块石重量不小于 $25kg$；

5）岩石抗压强度大于 $60MPa$。

7.7.1.2　钢丝网石笼施工质置要求

（1）冰面网格设置及作业分区。沿岸线分区、分段、分档作业。

1）$230m$ 为一区；

2）$9.58m \times 76m$ 为一段；

3）$9.58m \times 19m$ 为一档。

（2）石料计量控制要求：

1）每只钢丝网笼充填石料不小于 $4m^3$ 块石，或 $6.8t$ 块石；

2）每档沉放石笼 50 只；

3）每段沉放石笼 200 只。

（3）石笼沉排施工质量要求的厚度及铺砌块石尺寸，见表 7-14。

表 7-14　　　　　　　　　　石笼沉排的厚度及铺砌块石尺寸

石笼网格尺寸/mm	厚　度/m	块　石　尺　寸	
		范围/mm	D_{n50}/mm
沉排（50×70/60×80）	0.15/0.17	70～100	85
	0.20/0.23	70～150	120
	0.25/0.30	100～160	130

（4）石笼沉排的柔性与透水性质量保证：

1）石笼沉排。石笼沉排一般是用铁丝编织而成的。也可以进行电镀和涂上 PVC（聚氯乙烯）。聚合物栅管石笼沉排也可用作护岸和趾部防护。

2）石箱（箱形石笼）。石箱是使填石固定就位的铁丝或聚合物丝的网格式制作物。铁丝笼是由铁丝编织的网格或者是焊接而成的结构物。这两种结构可以是电镀的，编织的铁丝箱可另外涂上 PVC。编成网格的石箱比焊接的石箱柔性更大，因此适应沉陷和荷载的性能是不同的。尽管装填石材料要仔细以保证将块石装填得很密实，但有时认为刚性石箱比较容易填装。对于非标准形状，例如急弯处，或者可能产生大的沉陷的地方，当编织铁丝或聚合物格形结构发生变形，而不损失强度时，宁愿选用这类结构。

3）填料。用抗风化的坚硬块石作填料，它在石箱或石笼沉排中不会因磨蚀而很快破碎。装有不同类型的块石的石笼有不同的特性。多角的块石能相互很好地联锁在一起，用其填装的石笼不易变形。因此，用在抗剪切的大型挡土墙中，它比圆形石头更有效。它有利于石笼的连接。填料的一般尺寸为平均网格尺寸的1.5倍。单个块石不小于标准网格尺寸［通常所用的编织石笼尺寸为（50mm×70mm～100mm×120mm）］，一般不大于200mm标准尺寸，对填置于远离石笼外表而处于内部的块石来说，有时可放宽最小块石尺寸的要求。

4）填装。机械填装一般较快且较便宜，但并不如手工填装好控制。对于修饰的挡土墙来说，应产生较好的外观，并形成密实的结构。采用这两种方法时，填料必须完全填满石笼。填料必须很好地填装以尽量减小孔隙，单块石块之间接触良好，尽可能地填紧，减少石笼里的石料移动的可能性。填料尺寸属于正常范围时，多角的和圆形的石块都可以装得紧密。

7.7.2 土工织物沉排质量控制

7.7.2.1 软体排制作质量控制

（1）一般用聚丙烯（聚乙烯）编织布缝成2m×10m的排体。

（2）在排体的下端横向缝制0.4m宽横袋。

（3）在排体中央及两边再缝制宽0.40～0.6m的竖袋，两竖袋间距一般为4m左右。

（4）每个竖袋两侧排体上分别缝结一条直径 ϕ 1cm 的聚乙烯纵向拉筋绳，其下端从横袋底部兜过，纵向拉筋绳应预留一定长度，并与定桩连接。

（5）在排体上下两端，横向缝结一直径 ϕ 1cm 的聚乙烯挂排绳。

（6）在排体上游侧应尽量另拴两根拉活绳，分别连接软体排底部的挂排绳鹰嘴上侧的拉筋绳。

（7）排体校度应大于所抢护段堤（岸）坡长度与淘刷深度之和，不足时可用两个排体相接。

7.7.2.2 软体排沉放的质量控制

（1）在需要沉护的堤岸段的岸边展开排体，先将土装入横袋内，装埋后封口。

（2）在上游侧岸边顶打一桩，将与软体排下端拉筋绳连接在拉活绳拴在顶桩上，并派专人按制其松紧。

（3）将排体放入水中，在软体排展开的同时向竖袋内装土，直到横袋沉至河底。

（4）软体排上游侧竖袋充填土（砂）必须密实，必要时可充填碎石。

（5）软体排沉放过程中要随时探测，如发现排脚下仍有冲刷坍塌，应继续向竖袋内加土，并放松拉筋绳，使排体紧贴岸边整体下滑，贴覆整个坍塌面。

7.7.3 铰链式模袋混凝土沉排质量控制

7.7.3.1 混凝土板质量控制

（1）铰链式混凝土板（排）制作应满足设计要求：

1）系排梁应为C15钢筋混凝土；

2）系排梁断面结构尺寸应为1m×3m；

3）排体应由32块尺寸为0.5m×0.8m的C20钢筋混凝土组成；

4）无纺布（长丝）要求200g/m²；

5）涤纶布要求150g/m²；

6）相邻排体之间的搭接宽厚为1～2m。

（2）沉排质量控制关键：

1）混凝土预制块质量应符合规范/设计要求；

2）U形环连接应牢固；

3）两个排体的搭接宽度应保证足够尺寸与均匀；

4）沉排岸坡定位要准确；

5）沉排实施的设备应安全可靠；

6）沉排施工完后，潜水员进行水下摸探检查（重点是搭接宽度）应符合设计标准。

7.7.3.2 模袋混凝土质量控制

（1）场地平整的技术要求：水中施工时，对地形起伏过大且河床接近设计枯水位的河床需要进行平整，如出现断流，在对河床按沉排设计铺设的条件下，适当降低平整度（不平度应为±20cm），以增加反滤布与排体的摩擦系数，但一般情况下沉排可直接铺在河床上。

（2）反滤布铺设注意事项：①水中铺设反滤布，在水深较大的部位应用船定位，在铺设反滤布的上下游位置、垂直水流方向放置两艘船，把反滤布折叠好后放于下游船的迎水一侧，边缘配重，将配重一边沉入水中，然后在上游船的控制下缓缓向下游移动，在水流和自重的作用下使反滤布均匀沉入河床；②水深小于1.5的部位可在水中直接铺设。

（3）模袋布铺设原则：①模袋布的水下铺设较为复杂，既要考虑模袋定位准确，还要考虑模袋的充填过程中纵向和横向的收缩；②模袋布铺设一定要注意充填质量，铺放要展开，同下一块模袋的搭接一定要按设计要求。

（4）模袋充填的技术要求：①用泵输送水泥砂浆或细骨料混凝土充入铺设好的模袋中，模袋充填方法采用从下往上充填的方式，水深大于1.5m的部位，采用流动度较好的砂浆充填。因模袋块体之间的通道较细，碎石容易在此被堵塞，从而影响下一块充填。为此每个通道处要有专人负责踩压，以使混凝土顺利通过通道。插入灌注口的喷管左右移动，使模袋充灌均匀，质量饱满。充填时还需要调整模袋压力，以免胀破模袋。②每充完一排灌注孔后，由于模袋布纵向收缩，张拉变形大，这时需适当放松顶部控制布的手拉葫芦。

（5）铰链式模袋混凝土沉排的锚固要求：为了增加排体安全，在铰链及模袋上端增加锚固措施，即在开挖的锚钩内布设铆钉，并用混凝土浇筑锚钩，以增加抗滑力。

7.8　验　收

当工程具备验收条件时，建设单位应及时组织验收，验收工作应及时，不得重复进行。

沉排工程验收可划分为分部工程验收和竣工验收两个阶段。验收组或验收委员会的组成按 SL 223—2008《水利水电建设工程验收规程》的要求进行。

分部工程验收的图纸，资料和成果应按竣工验收的标准制备。

工程完工后，提交经工地技术负责人签署的下列文件和资料：

（1）竣工图纸；

（2）施工中有关变更的说明和记录；

（3）单元工程质量评定表；

（4）隐蔽工程检查记录，照片或摄像资料；

（5）质量事故记录分析资料及处理结果；

（6）施工单位的试验、测量原始资料及主要材料的质保书和抽样检验资料；

（7）施工单位的工程质量自检报告；

（8）施工总结报告和清单；

（9）施工大事记。

工程完工后，项目法人、设计单位、监理机构和质安监督机构应按 SL 223—2008《水利水电建设工程验收规程》的要求提交相应的文件和资料。

竣工验收合格后，应将所有资料整理成册，移交管理单位，并抄报有关部门备查。

附录 A 石笼沉排护坡工程质量评定表

单位工程名称			单元工程量		
分部工程名称			检验日期	年 月 日	
单元工程名称、部位			评定日期	年 月 日	
项次		项目名称	质量标准	检验结果	评定
检查项目	1	格宾石笼块石用料	质地坚硬无风化，单块重≥5kg，最小边长≥6cm		
	2	钢筋石笼块石用料	质地坚硬无风化，单块重≥15kg，最小边长≥12cm		
	3	腹石砌筑	排紧填严，无淤泥杂质		
	4	钢筋石笼	网目120mm×120mm，钢筋无锈蚀		
	5	格宾石笼（铅丝石笼）	网目80mm×100mm网丝为ϕ2～6.5mm。高热镀锌均匀色泽一致，PE防腐涤塑均匀无破损网面无破洞		
检测项目	1	坡面平整度	2m靠尺检测凹凸不超过5cm	总测点数 合格点数 合格率	
	2	钢筋石笼	网孔尺寸允许误差小于12mm	总测点数 合格点数 合格率	
	3	格宾石笼	网孔尺寸允许误差小于±12mm，钢丝伸长率≥12%，钢丝抗拉强度≥400MPa，塑料抗拉强度≥22MPa	总测点数 合格点数 合格率	
施工单位自评意见			质量等级	监理单位复核意见	核定质量等级
检查项目达到质量标准，检测项目合格率/%					
施工单位名称			监理单位名称		
测量员	初检负责人	终检负责人			
				核定人	
年月日	年月日	年月日		年月日	

注：1. 检验日期为终检日期，由施工单位负责填写；2. 评定日期由项目法人（监理单位）负责填写。

附录 B 土工织物沉排护坡工程质量评定表

单位工程名称				单元工程量			
分部工程名称				检验日期		年 月 日	
单元工程名称、部位				评定日期		年 月 日	
项次		项目名称	质量标准	检验结果			评定
检查项目	1	沉排搭接长度	不小于50cm				
	2	排体厚度	允许偏差±5%				
	3	沉排锚固	符合设计要求				
	4	土工织物	表面无破损、油污				
	5	压载格宾石笼	网目80mm×100mm网丝为φ2～6.5mm。高热镀锌均匀色泽一致，PE防腐涤塑均匀无破损网面无破洞				
检测项目	1	坡面平整度	2m靠尺检测凹凸不超过5cm	总测点数	合格点数	合格率	
	2	土工织物	单位面积质量≥300g/m², 极限抗拉强度≥8kN/m, 伸长率20%	总测点数	合格点数	合格率	
	3	格宾石笼	网孔尺寸允许误差小于±12mm，钢丝伸长率≥12%，钢丝抗拉强度≥400MPa，塑料抗拉强度≥22MPa	总测点数	合格点数	合格率	
施工单位自评意见			质量等级	监理单位复核意见		核定质量等级	
检查项目达到质量标准，检测项目合格率/%							
施工单位名称				监理单位名称			
测量员	初检负责人		终检负责人				
				核定人			
年 月 日	年 月 日		年 月 日			年 月 日	

注：1.检验日期为终检日期，由施工单位负责填写；2.评定日期由项目法人（监理单位）负责填写。

参 考 文 献

［1］ 郭海．冰上石笼沉排施工在工程中的应用［J］.东北水利水电，2015，33（7）：11-14.
［2］ 解飞．嫩江（齐齐哈尔段）岸冰生消演变特性及热交换过程研究［D］.哈尔滨：东北农业大学，2019.
［3］ 马喜祥，白世录，袁学安，等．中国河流冰情［M］.郑州：黄河水利出版社，2009.
［4］ 米持平，钟作武，董建军，等．沉排法［M］.北京：中国水利水电出版社，2005.
［5］ 沈洪道．河冰研究［M］.郑州：黄河水利出版社，2010.
［6］ 石爱廷，廉贵臣，樊林生．冰面沉排在寒区水利工程施工中的应用与探讨［J］.黑龙江大学工程学报，2003，30（1）：109-110.
［7］ 汪恩良，张栋，刘春利，等．冰上沉排在寒区护岸工程中应用的研究进展［J］.黑龙江大学工程学报，2018，9（1）：17-26.
［8］ 王殿武，侯玉芳，贾贵茂．土工织物在辽河护岸工程中的应用［J］.水利水电科技进展，1999，20（6）：34-36.
［9］ 王军．河冰形成和演变分析［M］.合肥：合肥工业大学出版社，2004.
［10］ 魏山忠，藤建仁，朱寿峰，等．堤防工程施工工法概论［M］.北京：中国水利水电出版社，2007.
［11］ 张栋．嫩江（齐齐哈尔段）冰上沉排关键技术研究［D］.哈尔滨：东北农业大学，2018.
［12］ 中华人民共和国水利部．堤防工程施工规范：SL 260—2014［S］.北京：中国水利水电出版社，2014.
［13］ 钟华，张滨，张守杰，等．冰上沉排的结构型式与施工［J］.岩土工程学报，2016，38（S1）：189-194.